嘉庚建筑动手做

教 师 篇

陈嘉庚纪念馆　编

文物出版社

图书在版编目（CIP）数据

嘉庚建筑动手做·教师篇 / 陈嘉庚纪念
馆编 .－－ 北京：文物出版社，2017.12
ISBN 978-7-5010-5505-0

Ⅰ.①嘉… Ⅱ.①陈… ②陈… Ⅲ.①高等学校—教
育建筑—厦门—普及读物 Ⅳ.① TU244.3-49

中国版本图书馆 CIP 数据核字 (2017) 第 291355 号

嘉庚建筑动手做·教师篇

编　　者：陈嘉庚纪念馆

责任编辑：宋　丹　李　睿
责任印制：苏　林

出版发行：文物出版社
地　　址：北京市东直门内北小街 2 号楼
网　　址：http://www.wenwu.com
邮　　箱：web@wenwu.com
经　　销：新华书店
制　　版：北京宝蕾元科技发展有限责任公司
印　　刷：北京京都六环印刷厂
开　　本：880mm×1230mm　1/16
印　　张：7.75
版　　次：2017 年 12 月第 1 版
印　　次：2017 年 12 月第 1 次印刷
书　　号：ISBN 978-7-5010-5505-0
定　　价：58.00 元

家乡的嘉庚建筑

我们的家乡厦门是一座美丽的城市，这里不仅有欧洲韵味的尖顶教堂、南洋风情的骑楼，还有闽南本地的红砖大厝，建筑样式繁多，令人眼花缭乱。不过其中最有特色的还要数"嘉庚建筑"。

什么是"嘉庚建筑"呢？如果你曾经到过集美学村、厦门大学、集美鳌园或者华侨博物院，这些中西合璧的建筑一定给你留下了深刻印象。它们个性鲜明，融合了中国和西方建筑的优点，由爱国华侨领袖陈嘉庚亲自选址、设计、监造，被人们称为"嘉庚建筑"。

"嘉庚建筑"见证了近代中西方文化交流的历史，记录着陈嘉庚在故乡厦门兴办教育的历程，也承载了陈嘉庚对故乡深深的眷恋，有"最具世界经典的建筑之一"之称，2006年被国务院公布为全国重点文物保护单位。

被确定为第六批全国重点文物保护单位的嘉庚建筑名录

集美学村（共 17 幢）

尚忠楼（1921）、诵诗楼（1921）、敦书楼（1925）、即温楼（1921）、允恭楼（1923）、崇俭楼（1926）、延平楼（1922）、科学馆（1922）、养正楼（1926）、克让楼（1952）、南侨第十三楼（1959）、南侨第十四楼（1962）南侨第十五楼（1957）、南侨第十六楼（1959）、黎明楼（1957）、南薰楼（1959）、道南楼（1962）

厦门大学（共 15 幢）

映雪楼（1921）、集美楼（1922）、同安楼（1922）、群贤楼（1922）、囊萤楼（1923）、博学楼（1923）、芙蓉第一楼（1951）、芙蓉第二楼（1953）、芙蓉第三楼（1954）、芙蓉第四楼（1953）、建南楼（1954）、南安楼（1954）、南光楼（1954）、成义楼（1954）、成智楼（1954）

教 学 建 议

　　该部分为嘉庚建筑概况介绍，可视为全课程导言，建议由学生自己阅读，教师组织集中讨论进行教学。

目录

第一单元
◎ 嘉庚建筑·集美学村 ◎

目录

第二单元
◎嘉庚建筑·厦门大学◎

目录

第三单元
◎ 嘉庚建筑·博物大观 ◎

目录

第一单元

嘉庚建筑·教师篇

集美学村

一、背景知识

1874 年 10 月，陈嘉庚出生于福建省同安县集美社。父亲陈杞柏于 19 世纪 70 年代南渡新加坡，开设米店兼营地产等，是福建帮的领袖之一。1890 年，陈嘉庚应父召，前往新加坡学商。家乡的贫穷落后和异国的快速发展的景象形成鲜明对比。陈嘉庚暗下决心要为家乡的进步尽力。1911 年辛亥革命推翻了满清帝制，建立了民国，身为中国同盟会南洋分会会员的陈嘉庚热血沸腾。多年来，他对腐朽的清政府倍感失望，一直期待着祖国能有天翻地覆的变化，此刻他多想回到家乡，尽国民一份子的天职。1912 年秋，陈嘉庚怀着对中华民国的无限希望和报效祖国的满腔激情，回到阔别多年的故乡。陈嘉庚眼见身边成群嬉戏的孩童赤身裸体、粗言野语、互相打骂、赌博抽烟，与二十年前相比并无改进。他问过乡亲，得到的回答是：旧私塾已关闭，新学校办不起。他感到如果这种状况不改变，用不着几十年，至多十几年，这些村社将变为蛮荒之地。这更坚定了他办学的决心。1913 年 3 月 4 日，集美上空响起了第一声新学的钟声，乡立集美两等小学校开学了。嘹亮的钟声宣布集美教育掀开了崭新的篇章，宣布陈嘉庚在中国历时半个世纪兴学之举的开端。

二、教材内容解析

本单元以集美学村嘉庚建筑为例，让学生通过鉴赏建筑了解嘉庚建筑的特点及其建造工艺，感受陈嘉庚的家国情怀。主要包含以下五部分内容：

（一）介绍小学木质平屋、延平楼、大礼堂、科学馆、手工教室、美术、博文楼、集贤楼，学生了解嘉庚建筑的发展脉络；

（二）通过介绍葆真楼、黎明楼等，让学生了解嘉庚建筑的特点，知道中式灰塑工艺；

（三）感受嘉庚建筑的智慧——就地取材；

（四）分享关于集美学村的故事；

（五）制作"集美学村大门"建筑纸模型。

三、教学目标

（一）情感、态度和价值观

1. 通过了解集美学村嘉庚建筑背后的故事，感受陈嘉庚坚持"教育救国"、"教育兴国"的赤子情怀，感悟陈嘉庚勤俭节约、克己奉公的高贵品质；

2. 通过以科学馆、延平楼、文学楼、葆真楼、黎明楼等经典嘉庚建筑为例，感受嘉庚建筑中西合璧的建筑特色，体会嘉庚建筑的美。

（二）知识目标

1. 了解陈嘉庚创办集美学村的历程，能讲述关于集美学村的故事；

2. 了解集美学村嘉庚建筑的特点，理解嘉庚建筑承载的东西方文化。

（三）能力与方法

通过实践体验，加深对嘉庚建筑文化内涵的理解，提高收集和整理资料的能力，锻炼动手能力与探究能力。

四、教学过程

（一）导入

印尼企业家李尚大年少时曾就读于集美中学。后来，他移民东南亚创业，在海外闯荡。几十年后，他再次来到厦门，徜徉在集美学村，不禁感慨："小时候，从安溪来到厦门，走在中山路，游玩中山公园，进了集美学村，我觉得它们好大好大。这么多年过去了，我再回来看中山路和中山公园，觉得中山路很窄很小，中山公园也很小，而再进走进集美学村，它依然很大。"李尚大曾经学习、

生活过的集美学村建于 20 世纪初，当时的中国正处于多事之秋，建设条件不像现在这般完备。那么多年过去了，为什么集美学村依然令李尚大感到震撼呢？

（二）主题一：功能齐全的嘉庚建筑

1. **导入**：嘉庚建筑的兴建与陈嘉庚的兴学举措相伴而行，其功能不断完善，规模不断扩大，"中西合璧"的建筑风格也逐渐成熟。

2. **首座嘉庚建筑——小学木质平屋**

1913 年 3 月 4 日，集美小学借祖祠开学了，为适应新式教育的需求。陈嘉庚便寻思着为集美小学新建校舍。集美三面环海，地狭田少，人口稠密，每年收成不足供应 3 个月的粮食，哪还有地建筑校舍？村外虽有地，但坟墓多，乡人迷信风水，无法动用。值得庆幸的是，村外有一个面积数十亩的大鱼池。经商议，陈嘉庚花 2000 元将其买下，请人开沟排水、搬土填池，又花 14000 元盖起一座木质校舍，并开辟操场。8 月 20 日，工程竣工，秋季开学，全校师生迁入新校舍。陈嘉庚随后前往新加坡，途径香港特地花 800 元选购了一口大时钟寄回集美，安装在新校舍前进大厅的屋顶（1933 年，大

集美小学木质平屋

钟楼（1933 年）

时钟移装至钟楼上层）。1914 年 8 月，陈嘉庚又汇款 4000 元，在西侧增建两间教室和五间学生宿舍。小学木质平屋的整体布局此时才全部完成，面积 1035 平方米，造价近 2 万元。门额悬牌"集美初等高等小学校"。集美小学平质木屋作为集美学校最早校舍，是"发轫之作"的首座建筑。

3. 完善校舍功能，以"延平楼"为例

延平楼奠基于 1921 年 12 月，学校"因来学者日众，校舍不敷应用，由校主择定郑成功故垒建筑高大洋楼"。延平故垒是郑成功所属军队为抵御清

兵而建造。延平楼于1922年9月落成，10月6日作为集美学校小学部开始上课。优美的环境提供了良好的学习条件，"三楼南廊之中部最阔，风景亦殊胜"，阳光明媚时，儿童都集中在这里休息，学校在这里设"自动阅书"，"陈设椅桌，检儿童需要书籍图画一一排列，令儿童自由阅览，教职员往来其侧者，咸有执卷问难也"。有道是"前临沧海，风景至佳，中为课室，凡宿舍、礼堂、饭厅、浴室、厕所，皆备。每于潮涨夕落时，水声怒号，与堂中书声相和"。陈嘉庚十分重视延平楼的兴建，在奠基时特别亲自撰书《集美小学记》，铭刻石碑一方镶嵌于左边角楼一层内侧墙壁上。

1933年集美学校20周年校庆之际，毕业同学及在校教职员、学生捐资百余元，在延平楼前建筑纪念碑，3月28日落成。"二十周年纪念碑"为方柱形，两旁为校董叶采真和蔡斗垣秘书的题联，叶采真的题联是"间代起豪英无限江山弦诵百年依故垒，后生多俊秀前程云路渊源廿载溯鳌头"。前后两面则分别为"诚毅"校训和校史。

延平楼

《集美小学记》　　　　二十周年纪念碑
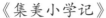

4. 长远规划校舍，为师生设立各类教学、生活机构

陈嘉庚在建设校舍的过程中，既量力而行，又重视长远规划。除了建设数十座教学楼外，陈嘉庚还建设了为教学服务的公用图书馆、科学馆、体育馆、美术室、音乐室等。

① **大礼堂（敬贤堂）**：大礼堂于1918年12月建成。大礼堂为罗马风格建筑，正立面宽阔的圆柱门廊大露台，绿釉瓶围栏。大坡顶屋面左右缩进中部抬高形成二层，两侧开设窗户，前面外凸，设计为一个古典雅致的外廊看台。礼堂东雨操场为消费公社及俱乐部，西雨操场为课外运动之所，门前造石桥跨水与居仁楼交通。上层为教职员宿舍，下为可容两千人的大会堂，是全校师生集会的地方，报告会、纪念会、典礼、文艺演出和放映电影等活动都在这里举行。当

敬贤堂（1937年）

年集美学校被誉为"设备完善规模宏大的中国普及教育大本营"，海内外的许多政要、学者如余日章、汪精卫、吴雅晖、胡汉民、李石曾、朱执信、马寅初、鲁迅、林语堂，以及美国大学校长波德、美国哥伦比亚大学教授克伯屈、美国青年会副会长巴乐满博士等，前来参观访问，并在大礼堂发表精彩演讲。1921年4月6日，厦门大学校舍尚未建成，借大礼堂举行开学式。1936年2月20日，陈敬贤因协助兄陈嘉庚督建集美学校校舍积劳成疾，在流寓杭州弥陀寺修养时，不幸逝世。为纪念陈敬贤的兴学功绩，大礼堂更名"敬贤堂"，并勒石铭碑以垂不朽。

②集贤楼（医院）：集贤楼是"为谋公共卫生及增进教职员学生之健康"设立医院而建筑的。集贤楼于1920年9月落成，是集美学校第一座采用"宫殿式屋顶"的中西合璧建筑。前部二层，三面红砖清水墙，一层尖拱券柱外廊，正面两跨外凸设窗户，至檐口上砌长方形山墙，闽南燕尾脊歇山顶，绿琉璃

集贤楼（1920 年）

筒瓦屋面；后部为一层，纵向双坡顶铺设机平瓦，两侧半圆券柱外廊，白灰墙面。

集美学校师范部成立之初，学生感染脚气病及痢疾的人数众多，严重影响教学进度。学校特聘校医，1919 年学校创设校医室，后改称医务处，诊疗室曾设于居仁楼 101 室，为患病学生医治。1920 年建成集贤楼，独立设置集美医院。初期设内科、外科、产科和注射室、病房。其经费由学校担负，教职员、学生及集美乡人就诊，一律不收医药费。直到 1929 年 2 月后，医院才收取挂号费，1931 年 9 月开始征收注射费和住院费。

医院业务，除诊疗外，并负责推行公共卫生，举行防疫注射，及学生体格检查。

③ 博文楼（图书馆）：为"满足广大师生求知需求"，集美学校图书馆于 1918 年成立，辟师范部之居仁楼东侧一室作馆址。1920 年 11 月，博文

楼落成，图书馆即迁入新馆舍。

博物馆中座三层，重檐歇山式，"三川脊"大屋顶；两翼二层，歇山顶，正脊均为闽南传统燕尾脊，戗脊尾端灰塑卷草，屋面铺设绿琉璃筒瓦。中座前后外凸形成外廊，一二层西式连拱券柱，三层中式方形檐柱，二三层柱间砌绿釉瓶护栏。两翼红砖清水墙面，四墙角采用民间俗称"蜈蚣脚"的隅石做法。

图书馆为"中西合璧，上为宫殿状，下则仿西式"的建筑，"两旁栋楹及走廊，均加惊喜之雕刻，饰以金箔，辉光四映，灿烂夺目，四面窗户洞达，光线适宜"。馆内上层为普通阅览室、杂志阅览室、报纸阅览室、陈列室、中日问题南洋问题研究室、典书课、办公处、杂志庋藏室；中层为书库、主任办公室、编目课办公室、登录课办公室、会议室、职员住室、晒书台；下层为报纸庋藏室、装订室、铅印处。馆内"书架林立，成纵线排列，一切经史子集与古今中外书籍，

博文楼背景（1921 年）

博文楼（1921 年）

罔不具备，分门别类，秩序井然。阅览室中置长案，环以座位，可容纳百余人。案前有西式橱一，抽屉甚多，中藏各种书目，外标书之种类，借阅者可一索而得"。至 1933 年 1 月，馆藏中外图籍各类共计 13746 种，42917 册，每月阅览及借书达 2000 人。"巍峨的房舍，汗牛充栋的书籍，实为南方普通学校所少有"，素来被尊为"全国中学校的第一图书馆"。

④ 手工教室：手工教室于 1920 年 11 月 14 日落成，西式建筑，大坡顶红瓦，两侧为半圆形券柱外廊，前后里面檐下辟为四个长方形大窗台，檐上与屋顶构成三角形墙面，分为两层立壁柱造型，中间开设三个窗户以通风采光。

1927 年创办集美幼稚师范，以培养幼稚园教师和小学低年级教师为目标，对学生的学习内容和毕业标准都有严格的规定。主要的学习科目中的艺术课包括音乐、图画和手工；毕业标准分10类，其中第八类是音乐、美术和手工方面的知识26项。1933年创办集美幼师艺术专修科，学生学习的内容很"专"，美术系开19门功课就专门设有手工课。

"手工"一科，视为学校中重要之教科。教授学生手工，不但能启发其思想，熟练其动作，而且可以引起其对手工的兴趣，使学习者时时有创造的机会，

手工教室（1920年）

能凭自己思想自由创作，以养成发明创造的能力，课程内容以黏土石膏工、蜡工、竹工、木工、金工等为主。以"木工"课程为例，每周学习二课时：讲工具总说，工具类别，工具使用法，刃物及锯齿之整理；及木材总说，木材类别，接合及琢磨材料，并制作法。其余时间为实践，如制作报夹（日用品）旨在练习平刨及锯；制作活动马，旨在练习曲线锯。"是以手工教室，绝非培植一二专门之人才，而宜注重普及练习，为将来入身社会服务之需"。

抗战中，手工教室被全部炸毁。

⑤ 科学馆：为了满足集美学校师生自然科学教学与研究的需要，科学馆于 1921 年春开工建设，1922 年 9 月竣工。科学馆坐落于集美学校的中心点，砖木结构，四层，是集美学校至今保存最好的一座早期西式建筑。屋顶由机平瓦铺成，主体为前后外廊式，中央一开间增筑为四层，底层两边各三开间连续券柱式，中跨梁柱式为门廊，前后穿通置梯位；二层梁柱式在巨大的方洞间加立圆柱；三层外廊部位辟为露台，绿釉瓶护栏，中间檐上置三角形山墙；

科学馆

两端檐上山墙升高为四层。前、后立面一样造型类似装饰，唯一不同的是背立面两端外凸，内侧向廊道辟门。三角形山墙满布雕花，多层次屋檐饰以灰塑，巴洛克风格的倚柱和扁壁柱，墙面白灰外堰，让这座西式建筑更显豪华而壮观。

备受瞩目的是，1933 年 6 月 7 日，科学馆增筑的气象室落成。早在1928 年春，将向美国芝加哥中央科学仪器公司购买的大批理化器械中的水银气压计、温度计、湿度计及最高温度计等，悬置于物理仪器室内，开始记录气象变化，旨在辅助了解实践检查和气象变化之间的关系。由是记录数年，

科学馆（2012 年）

博物标本室

化学药品室　　　　　　　物理仪器室

说明有详细观测的必要，建校 20 周年纪念时，再花费千余元，将科学馆四楼顶中间添筑一间"观测台"，用作观测及纪念。台内放置各种器械、气象常用表、各种云形图。屋顶为长方形露台，周以护墙，四角装置风速计、雨量计、精密日规与日照计，中竖方向器。科学馆气象台除向美国购置仪器外，还向日本岛津制作所、东京丸善株式会社，以及上海德商礼和洋行订购德国步瑞氏最大型自记仪器等多种，设备渐臻完善。派员赴南京国立中央研究院气象研究所实习，注意研究，观测记录日见正确。每周观测所得的气象现象，均登载于《集美学校周刊》，又逐日 6 时将观测结果，书写报告悬挂在科学馆楼下，用以引起学生对气象的兴趣，增进科学常识。设于科学馆五楼的气象观测台，后来改称为"天文台"。

⑥ 美术馆：1924 年，集美学校成立美术委员会，编定各部美术科学纲要，由于当时教室及设备无法满足教学要求，这一纲要未能实施；又因为男女师

美术馆（1931 年）

范音乐课程的教学也没有合适的教室，学生进行课外练习存在困难，陈嘉庚感到有必要新建一座艺术馆舍。美术馆于1931年12月落成，是一座西式建筑，光线充足，空气流畅，美轮美奂，蔚为大观，被推为"本校建筑物中，艺术化而又科学化者，以此为最"。按照各校需要，对馆舍进行分配：楼下北端的东西八角厅，作为高级师范艺术科西洋画教室；南端两间大屋，东为初级中学图画教室，西为幼稚师范图画教室；其余小屋则添置风琴，作为音乐练习室。楼上则作为图画、音乐教师的宿舍。1933年2月，幼稚师范开办艺术专修科，也在美术馆设教室上课。

（三）主题二：博采众长的嘉庚建筑

1. 嘉庚建筑中的西式建筑

（1）**过渡**：早期的嘉庚建筑（1913—1931年）以西式建筑形式居多，其中最引人瞩目的当属"葆真楼"。

（2）**葆真楼**：1919年2月，陈嘉庚委派陈敬贤创办集美幼稚园，先借用旧民房开学，招收学生140多人，设四个班。同年6月，陈嘉庚回国，发现幼稚园学生多、园舍挤，光线不足，没有室内活动室和户外运动场，影响儿童身心健康，不利于幼儿教育。于是，他大兴土木，新建园舍。1926年8

葆真楼全景（1926年）

月27日，幼稚园新校舍落成，定名为"葆真楼"，成为"全校最华丽之建筑物"。葆真楼凸显欧式建筑的圆拱顶、细长柱特点，楼宇巍峨，"来者每称为全国的第一幼稚教育建筑"。

陈嘉庚力求与先进的幼儿教育接轨，幼稚园配备了当时极为稀罕的钢琴、风琴和各种玩具，有宽敞的园艺室、活动室、花坛、鱼池和多处运动场所，空气通畅，卫生舒适。为了保障幼儿上下学路上的安全，陈嘉庚规定，汽车不得进入集美村。创办集美幼儿稚园初期目的是让集美学校的教职工子女在小学前可以受到照顾，让教职工可以更专心投入工作。

（3）小活动：西式建筑在造型上强调线条简洁，讲究对称以及华丽的装饰。喷泉、罗马柱、雕塑、尖塔、拱券、穹顶等都是西式建筑中常见的标志性元素。嘉庚建筑在功能与装饰细节上都吸收了西洋建筑的长处，除葆真楼外，你还能在其他的嘉庚建筑上找到哪些西洋建筑元素？

① 居仁楼：第一次世界大战期间，实业获得丰厚利润，陈嘉庚有了按照自己意愿大力兴学的物质基础。但当时闽南地区教育条件之差超出陈嘉庚的

居仁楼（1918 年）

预料，他发现当时的同安县20多万人口中，有师范毕业生资质的只有4人，其中1人又已改行经商。陈嘉庚到当时全省惟一的福州省立师范学校考察，得知这所学校不公开招考，所收学生都是官僚富家子弟，几乎都没有从事教育的志向，只想混张文凭而已。师资如此缺乏，难怪学校教育不振。陈嘉庚意识到要"拯救福建教育的颓风"，自己应该有所作为，他要创办一所师范

居仁楼（1933年）

学校，从闽南招收有天赋的贫寒学生，培训师资。由此，居仁楼、尚勇楼开始动工建设。

居仁楼择址于小学木质平屋后面，续挖埭泥填高平地，因建设楼房需要，在起墙位置，打下深达六七米的木桩巩固基础。施工中，遭遇1917年农历7月26日的台风袭击，已起盖到三层楼窗眉的墙壁被摧毁，倾倒至二层楼底。砖墙危立，于是在楼背中部与西端，再加桩基添建骑楼，以加强楼房的整体稳固。1918年1月，居仁楼落成，采用西式，双坡顶机瓦，砖木结构，二层

共 24 间。楼正立面上下层半圆形券柱式外廊，背面东西两端外凸为内廊，中部一层挑出立圆柱设阳台。前后顶层突出檐台上有山墙和绿釉瓶围栏，灰塑图案装饰，配置百叶窗，尽显西洋建筑气派。

②　尚勇楼：尚勇楼与居仁楼同时兴建，坐落于小学平屋西侧，坐西朝东，北端一层与居仁楼的西端呈直角连接，亦因台风之危及，"改为四面硬墙三面骑楼以固之"。一层三面为外廊式结构，二层前后两面外廊，南侧面辟为

尚勇楼

露台，环以葫芦栏杆。上下两层的外廊采用连续券柱式，六开间由两个小券夹一个大券的六个组合构造，上层立圆柱，下层为方柱（一组为圆柱）。坡屋顶两面分别抬梁砌筑三道中间半圆、左右三角造型的山墙。尚勇楼整体风格为西式，二层，18 间，1918 年 1 月建成。

1918 年 3 月 10 日，新创办的集美师范、集美中学开学，居仁楼作为办公室、教室及教职员、学生宿舍，尚勇楼作为教室、学生宿舍及书记室、印刷室，

随即投入使用。1920年2月开办水产科，同年8月开办商科，亦以居仁楼作为校舍。

③ 三立楼：立功楼两层，20间，1918年5月落成；立德楼三层，27间，1920年2月落成；立言楼两层，20间，1920年7月落成。立功楼、立德楼、立言楼为西式建筑，砖木结构，三楼连为一体，故亦称"三立楼"。建筑平面长方"山"字形，立德楼居中间凸出部位，侧面分别向东西两端延伸为立

三立楼（1920年）

言楼和立功楼，坡屋顶，正面上下层均采用半圆形券柱式外廊，二楼安装绿釉瓶护栏。立德楼屋面抬高形成歇山顶，中间增建穹顶塔楼，前后立面顶层檐口上方置山墙，两端的立言楼和立功楼的凸出部位造型亦如是。三立楼原为集美师范、中学校舍，立功楼和立言楼作学生宿舍，立德楼一层为办公室，设总务处、会计处及储蓄银行等，二层为学生自治会、读书会，三层为教职员宿舍。

三立楼（1920 年）（图片右侧）

2. 中西合璧的嘉庚建筑

（1）过渡：通观嘉庚建筑的发展历程，西式建筑逐渐减少，而中西合璧建筑增加，并且中式建筑的形式逐渐多样化，其中也能看到许多闽南建筑工艺。

（2）黎明楼

① **介绍黎明楼：** 黎明楼依地势而建，西部五层，东部四层，中部最高为六层，建成于1957 年。花岗岩条石外墙，连续红砖柱前廊，一、二、三层为廊柱式，四层为券柱式，五层中部保持券柱式，两侧外廊部位辟为露台。廊柱面红砖白石叠砌，半圆形砖拱嵌券心石，柱间为绿琉璃葫芦瓶条石压顶护栏。第六层中座为中式大屋顶，铺设绿琉璃筒瓦，大斗拱托檐，浅黄色粉刷墙面，露台护以灰塑造型围栏，彩绘图案，前面正中镶嵌镌刻"黎明"的青石楼匾。条石墙面嵌入红砖拼砌的窗框，在细节处透露出朴实无华的美。

黎明楼

黎明楼红砖窗框

南侨十六红砖窗框

　　② **欣赏嘉庚建筑红砖装饰**：红砖拼砌装饰是嘉庚建筑上经常能看到的一种装饰方法。南侨楼群位于集美龙舟池西北方，原为"集美华侨补校"，现为"华侨大学华文学院"校舍。新中国成立后，回国求学的侨生日益增多，1953年，陈嘉庚向中央人民政府建议在集美创办归国华侨学生中等补习学校，专收归国侨生，进行补习教育。人民政府很快采纳了他的建议，正式成立"福建省集美华侨学生补习学校"。集美侨校是全国最早的华侨学生补习学校之一，人们称之为"侨生的摇篮"。从解放前集美学校的广纳海外侨生，到新中国成立后建议中侨委设立侨生补习学校，充分体现了陈嘉庚对华侨教育的深切关怀和苦心孤诣。南侨楼群以宽8米的纵向中央石板路为轴线，两侧各两座呈鱼骨状排列，形成四排十六座的布局。其中，第十三楼和第十六楼的窗套以红砖拼砌多样造型，做工精致，在白石墙面的衬托下格外美观。

道南楼红砖拼花墙堵

③ **实践体验：**先由教师示范拼贴红砖墙面，再由学生自己动手设计、拼贴红砖墙面。

（3）文学楼

① **介绍文学楼：**文学楼共三层，于 1925 年 8 月落成，是集美学校至今保存最好的早期中西合璧建筑。闽南式大屋顶三楼直接置于一二楼西式屋身上。最初，一楼为办公室，二楼为公会厅，三楼为女师范部图书馆。学生们每于课暇，"常流连期间，神倦则散步回廊，南望浔江一练；北瞩天马三峰；东瞩金门，小岛罗列，若隐若现；西见校舍栉比，高下参差，云气苍茫，蔚蓝无际；俯瞰菜畦麦陇，一色青青。高岗翠岭，绵亘左右，山水清幽，景色鲜美，瞻望之余，心境泰然，常留恋不肯遽下"，是学习、休憩的最佳去处。值得一提的是文学楼三楼回廊梁架的木作，斗拱与狮座、束木与通随、雀替与垂筒，雕刻饰色，丰富而多彩。

文学楼（1927 年）

文学楼外廊梁架

文学楼垂筒

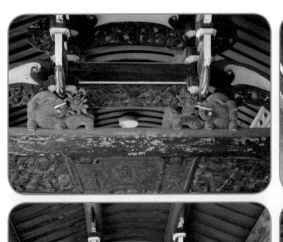

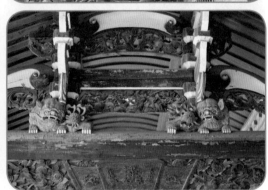

文学楼外廊梁架雕饰

厦门大学群贤楼彩绘木雕

厦门大学群贤楼彩绘木雕

② **嘉庚建筑彩绘木雕欣赏**：不仅是文学楼，几乎全部中西合璧风貌的嘉庚建筑上都能看到色彩丰富、精雕细致的彩绘木雕。

③ **小活动**：学生为嘉庚建筑梁架上的木雕狮座白描图涂上自己喜欢的颜色。

（4）南薰楼

① **介绍南薰楼**：南薰楼位于延平楼西侧，平面布局如飞机造型，依东高西底地势建筑。主楼高 15 层，白石清水墙面，自 6 层而上逐层缩进为露台，中座高耸，顶层为一座风亭。风亭四角形，由 12 根独立圆柱支撑顶盖，屋面四边出檐为坡顶，铺设绿琉璃筒瓦；垂脊上部形成四边形，四角设立小型四柱尖塔，中间覆以半圆形穹体，上置八角塔式尖顶。背面后座两层，三面砖柱外廊式，平顶围栏大露台。七层缩进部位辟露台，并建附楼，五开间燕尾脊歇山顶，铺设绿琉璃筒瓦，屋面前坡中间断檐抬起构成 T 形脊三角山墙。两翼以 60° 夹角与主体相连接，东翼四层，西翼五层，梁柱式前廊，最上层

前廊部位辟露台，绿釉瓶栏杆，燕尾脊歇山顶绿琉璃筒瓦屋面。两侧端为角楼，花岗岩条石清水墙，角柱隅石红砖白石拼砌；屋檐宽出挑，屋面前部为

　　② 欣赏嘉庚建筑灰塑：令人叹为观止的是柱头和挑梁等处的彩绘灰塑，色彩艳丽，图案精美，堪称南薰楼建筑之一大特色。灰塑是嘉庚建筑上的另一种常见的中式装饰手法。灰塑，又称灰批，是闽南传统建筑上特有的一种装饰手法。2008 年 6 月，灰塑被列入第二批国家级非物质文化遗产名录。灰塑多用于住宅、寺庙的身堵、水车堵及山尖规尾等处，如屋檐下的水车堵，常用高浮雕的形式表现山水、人物、花鸟等各种题材。灰塑以传统建筑中的灰泥为主要材料。灰泥由蛎壳灰（或石灰）、麻丝、煮熟的海菜，有时添加糯米浆、红糖水，搅拌、捶打而成。将灰泥捏塑成形，可以在灰泥中直接调入矿物质色粉，也可在半干的泥塑表面彩绘。

南薰楼（2013 年）

南薰楼灰塑

南薰楼灰塑

③ **小活动**：先由教师进行示范，再由学生用彩泥创作灰塑作品。

准备材料：一次性白色纸盘、彩色橡皮泥

制作说明：第一，用铅笔在一次性纸盘上描绘出图案轮廓；第二，用彩色橡皮泥捏出所需的形状；第三，将彩泥部件黏贴到白色纸盘上即可。

④ **小活动**：学生寻找生活中的灰塑，用手中的相机拍下来，与同学分享。

（5）道南楼

① **介绍道南楼**：如果说南薰楼是以高取胜的话，那么道南楼则是以长而见称了。道南楼不仅恢宏大气，整体视觉冲击感很强，更以其精工雕刻的细节之美而令人震撼。立面墙堵的红砖拼砌、门厅顶棚的彩绘灰塑、窗套门框的石雕镶嵌、廊壁柱式的出砖入石，图案华美而多彩多姿，做工考究而精雕细琢，充分展示了闽南能工巧匠的精湛技艺，是嘉庚建筑中西合璧风貌的细节之美的最好体现。

道南楼

　　② 呈现道南楼细节图，感受道南楼的美。

　　③ 小结：道南楼是陈嘉庚亲自主持兴建集美学校校舍的最后一座建筑，充满典雅的复古风情，几近奢华的大美之作，为集美学校嘉庚建筑画上了一个圆满的句号。

道南楼细节

道南楼细节

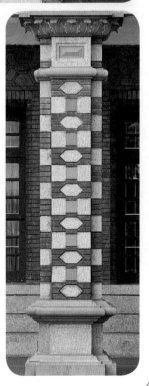

（四）主题三：就地取材的嘉庚建筑

（1）**过渡**：营造嘉庚建筑，陈嘉庚主张"凡本地可取之物料，宜尽先取本地产生之物为至要"。嘉庚建筑主要采用石头、红砖、木材、壳灰等"本地生产之物"为主要建筑材料。"就地取材"是嘉庚建筑的重要特色之一。

（2）**石头**：石头在闽南地区有着取之不竭的资源，最迟在北宋建筑泉州洛阳桥时，其开采加工技术就已经十分成熟。不同的石材经过不同的加工方式，不仅能作不同的用途，而且可以发挥不同的装饰效果。

（3）**红砖**：红砖用于闽南建筑可谓历史悠久，宋代房屋遗址出土的模印花纹红砖质量已经达到了高超的烧制水平。用闽南本地稻田泥土做砖坯，以斜向交错层堆叠入窑煅烧，柴火烟熏的露空部分形成红黑相间的规律性砖面纹理，独有的色泽，温和自然，永不褪色，被称之为"烟炙砖"。这种红砖隔热保温，结实经用，物美价廉，明代以来，一直是闽南建筑的优质乡土材料，经久不辍，广泛地为民间所乐用。嘉庚建筑中经常可以看到以烟炙砖为材料制成的装饰。

最引人注目的是覆盖在西式建筑上的屋面瓦，采用进口的铜制模具和压模机，依靠手工操作，用红壤为原料，撒上水和泥，模印瓦坯，自然风干，修边入窑，以毛草为主要的燃料，经过1000℃高温1个多月的煅烧，再需大概1个月时间的冷却后出窑。这种按照统一规格要求生产的橙色大瓦片，色彩特殊，抗风力强，隔热、保温性能好，铺设操作简便，由于在嘉庚建筑上大面积使用，被称为"嘉庚瓦"。

（4）**木材**：福建盛产木材，特别是闽西北的原始森林茂密，为建筑中国传统建筑的木架结构提供了丰富的材料。

（5）**壳灰**：在水泥发明之前，壳灰是闽南应用了千百年的建筑材料，主要用于黏合砖石、涂抹墙面及制作灰塑等。制作壳灰以沿海盛产的海蛎壳为原料，先铺上一层稻草作引燃物，接着按照一层煤末一层海蛎壳的顺序铺上若干层，引燃稻草开始焖烧8个小时，停火后挖出铺开，均匀适量泼水，快速搅拌数分钟后海蛎壳自然变成粉末状，再用竹筛去掉杂质，建筑用的壳灰就制成了。

（6）小结：在建设嘉庚建筑的过程中，陈嘉庚重视对本地建筑材料的使用，第一是为了节省不必要的建设成本，二是注意到了"闽南可兴之事业，以就较容易办到而言，如石码制砖之土，安溪烧灰之石，两项均取来寄往欧洲化验，咸称为上品原料"。陈嘉庚设想用集美学校的名义，成立"集美砖瓦厂有限公司"，在石码建砖瓦厂烧制瓦片外销南洋；并同时提出在安溪湖头办水泥厂，改变福建没有生产水泥依赖国外进口的困境，这些计划均因抗战爆发厦门沦陷而无法实现。

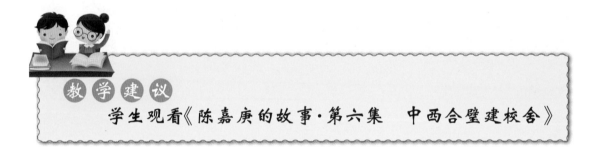

教 学 建 议

学生观看《陈嘉庚的故事·第六集　中西合璧建校舍》

（五）主题四：集美学村嘉庚建筑背后的故事

1. 陈嘉庚创办集美学校

1912 年秋，陈嘉庚回到阔别多年的故乡。陈嘉庚眼见家乡成群嬉戏的孩童赤身裸体、粗言野语、互相打骂、赌博抽烟，与二十年前相比并无改进。他感到如果这种状况不改变，用不着十年，至多十几年，这些村社将变为蛮荒之地。陈嘉庚对这一状况深感忧虑，决心将其彻底改变。1913 年 1 月，陈嘉庚、陈敬贤兄弟出资，修葺集美陈氏祠堂作为临时校舍，创办"乡立集美小学"，分高等一级、初等四级，招收学生 135 名，1913 年 3 月 4 日，集美小学正式开学。自此开启了陈嘉庚在中国历时半个世纪的兴学之路，也开启了嘉庚建筑的兴建历程。

陈氏宗祠

教学建议
学生观看《陈嘉庚的故事·第一集　兴学之始》

2.《一盏小烛台》

　　建国初期，集美学校用电全靠自己的电厂发电，到夜里十点就停电了。而陈嘉庚先生每天深夜停电后还要继续工作，他就点上一盏煤油灯来照明。一天，煤油灯不小心打碎了，先生就随手捡来一个被弃置的破瓷杯，把它倒扣在桌上，点上蜡烛当起了"蜡烛台"。以嘉庚先生的财富，买个金台、银台何难之有？当时在他身边的工作人员劝他："您这个烛台不好看。工作中您接待的不是将军、首长，就是海外的大华侨，这个太不雅观了，买个新烛台换了吧。"嘉庚先生听了，坚决不同意。就这样，这个破瓷杯烛台，先生一用就是十多年，他曾对身边的工作人员说："该用的钱，千万百万都得用；不该用的，一分钱也不能浪费。"

看看嘉庚先生的生活，这话毫不夸张。嘉庚先生一生在海内外创办及资助的学校多达118所，仅办学经费按1980年的国际汇率计算，就相当于1亿多美元，再加上他创办的集友银行的红利和经他筹募的办学经费，数字更加惊人。

陈嘉庚先生晚年担任全国侨联主席每月工资500多元，而他自定的每月伙食标准15元，把节省下来的每一分钱全部用在学校建设上。为公，他把千万资产献给祖国的教育事业，毫不吝惜；对私，他俭朴淡泊，锱铢必较。

烛泪连连，透过这盏小烛台，我们仿佛看到：每当夜深人静，嘉庚先生的窗前就会闪亮起小烛台的烛光，借着闪烁跳动的烛光，先生正在向中央政府进言建造鹰厦铁路、厦门海堤；正为集美学村和厦门大学的校舍描绘最美的建筑蓝图；为了集美医院病床的扩展，为了海潮发电站的运转发电，为了龙舟池畔增添亭台楼阁，先生正殚思竭虑，伏案疾书。

"历览前贤国与家，成由勤俭败由奢"。这盏破旧瓷杯做成的小烛台就是嘉庚先生勤劳俭朴、廉洁奉公的真实写照，它犹如一把永不熄灭的火炬，闪耀在我们的心头。

3. "集美学村"的由来

（1）讲述"集美学村"的由来：1923年8月底，集美学校正准备开学，适逢闽粤军准备交战。两军隔海对峙，开枪互击，舟行其间，流弹横飞，厦集海上交通十分艰险。9月3日，集美学校侨生李文华、李凤阁等人在乘帆船赴厦门的途中被闽军开枪射击，造成了一人死亡。这次惨剧激怒了全校师生，更引起了社会各界的关注。为了避免学校再受到战争的波及，维护正常教学秩序，保障学校师生的安全，陈嘉庚与林义顺，新加坡中华总商会分别致电

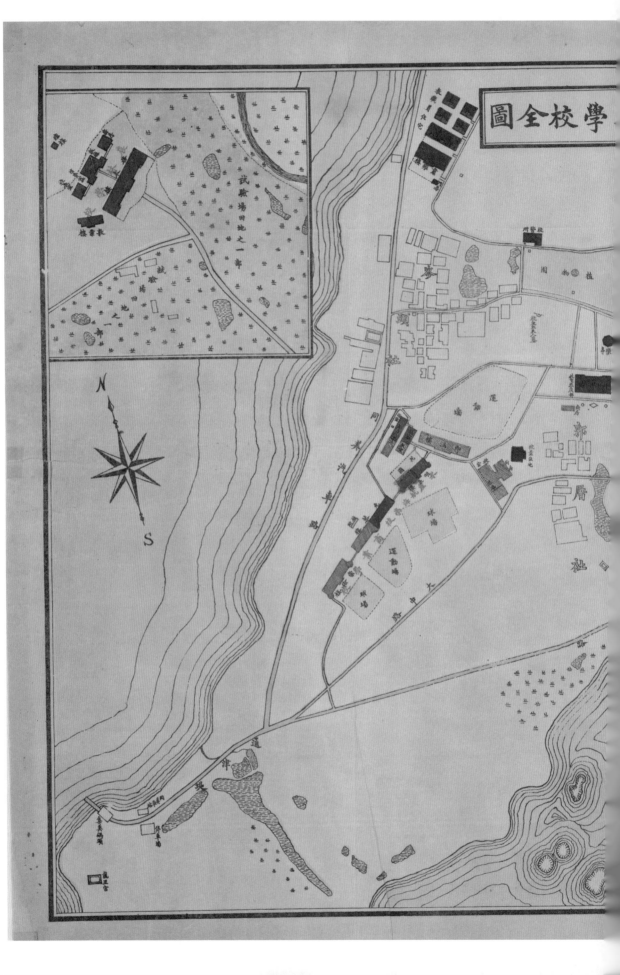

學校全圖

集美学校全图（1933 年）

闽粤军首领，要求把驻军撤出集美学村界外，并指示集美学校校长叶渊率师生请愿，向南北军政当局请求承认集美为中国永久和平学村。这一举动得到了军政当局、实力派领袖、社会名流、大学和报社等社会洛界的赞同、支持和承认。孙中山大元帅大本营于1923年10月20日批准承认集美为永久和平学村，"集美学村"由此得名。

至1927年3月，集美学村共有11所学校，包括集美国学专门学校、集美师范学校、集美中学、集美水产航海学校、集美商业学校、集美农林学校、集美女子初级中学、集美幼稚师范学校、集美小学、集美女子小学、集美幼稚园，形成了从幼稚园、小学、中学到专科，普通教育与职业教育并重、男女学兼备的完整教育体系。

（2）小活动：你能将陈嘉庚所创办的各校校名都写出来吗？

年份	学校名称
1913	集美小学
1917	集美女子小学校
1918	集美学校师范部 集美学校中学部
1919	集美幼稚园
1920	集美学校水产科 集美商科
1921	集美学校女子师范部
1926	集美农林 国学专门部
1927	集美幼稚师范学校
1932	集美实验乡村师范学校
1951	集美水产商船专科学校
1953	集美华侨学生补习学校

4."诚毅"校训的故事

在创办集美学校的过程中，陈嘉庚和陈敬贤充分吸取了中华民族源远流长的优秀文化传统，结合他们立身处世的感悟，概括提炼出"诚毅"二字，于1918年2月确定为集美学校校训，希望师生具有实事求是、言信行果的为人之道和刚强果决、百折不挠的处事毅力。校训在1918年3月10日集美师范、中学的开学典礼上向全校公布。

陈嘉庚曾把校训展述为"诚信果毅"。"诚"，是指真实、实在，不自己骗自己。"信"，是讲话算数，说了就做，不瞒、不骗、不欺、不诈。"果"，是"言必信，行必果"的意思。"果毅"，可以理解为：毅力坚持，做到"言必信，行必果"。"诚信果毅"，就是做人要诚实，待人要真诚，处事要认真，表里一致，言行一致，要重承诺，讲信用，不食言，说到做到。

"诚毅"校训通常解释为"诚以待人，毅以处事"。也可以展开为"诚以为国，实事求是，大公无私；毅以处事，百折不挠，努力奋斗"。还有一种解释是：做老实人，办老实事，说老实话，是为"诚"；艰苦奋斗，百折不挠是为"毅"。概括地说，"诚"是做人的道理，"毅"是做事的道理。

陈嘉庚一生都在以实际行动践行着"诚毅"准则，他对人对事的态度值得我们学习。

（1）故事一：陈嘉庚代父还债

1904年，陈嘉庚父亲陈杞柏所营企业倒闭，负债20余万元。按照新加坡的法律，破产的商行不在自己名下，陈嘉庚是有可能规避债务的，他会怎么做呢？陈嘉庚毕竟是陈嘉庚，他召集债权人，宣布："立志不计久暂，力能作到者，决代还清以免遗憾也。"毅然承诺代父还债，经过3年的独立经营，企业开始有些营利，他便不顾亲朋的反对，以罕见的轻财重义的气魄，还清了父亲欠下的全部债务。这个出于道

义所做的决定使他在创业的初始就肩负着沉重的负担，但也赢得了华侨社会的普遍信任，使他得以继承父亲开拓的广泛的商业网络，为自己的创业之路争取到更多的商机。

（2）故事二：陈嘉庚诚信经营

在经商的过程中，陈嘉庚非常信守商誉，强调货真价实和热情服务。他在自己制定的《陈嘉庚公司分行章程》上，印出了80条训词，如"货真价实，免费口舌，货假价贱，招人不悦"；"门市零售定价不二，以昭信用"；"货物不合，听人换取，我无损失，人必欢喜"；"货品损坏，买后退还，如系原有，换之勿缓"；"以术愚人，利在一时，及被揭破，害归自己"；"待人勿欺诈，欺诈必取败，对客勿怠慢，怠慢必招尤"；"谦恭和气，客必争趋，恶词厉色，人视畏途"；"视公司货物，要如自己货物，待入门顾客，要如自己亲戚"；"招待乡人，要诚实，招待妇女，要温和"；"顾客遗物，还之惟谨，非义勿取，人格不敬"等等。更为可贵的是，规章一经定出，陈嘉庚便要求一概严守章程，做到有章必循，违章必究，即使是自己的亲人，也不例外，有一次，他的一个儿子向公司借了50元钱，逾期未还，陈嘉庚查到后，立即派人将儿子找来，狠加批评，限他从速归还，严令痛改前非。其他职员见他对自己的儿子尚且如此严格，谁敢不自觉遵守规章制度，因此各项业务井井有条，浑然尤如一体。

五、实践体验："集美学村大门"建筑纸模型制作

（一）教师展示不同时期的集美学村大门；

（二）教师讲解制作步骤与注意事项，学生自己动手制作。

1953 年集美学村校门

1991 年前的集美学村
校门

1993 年之后集美学村
校门

六、展馆推荐——陈嘉庚纪念馆

　　陈嘉庚纪念馆，是陈嘉庚文物资料的主要收藏机构，宣传教育机构和科学研究机构。陈嘉庚纪念馆有两个基本陈列：第一至第三展厅为《华侨旗帜

民族光辉——陈嘉庚生平陈列》，第四展厅为《在陈嘉庚身边——嘉庚现象诚毅同行》。《华侨旗帜民族光辉——陈嘉庚生平陈列》通过350多帧图片、310多件文物、实物，真实、形象、生动地展现陈嘉庚伟大光辉的一生。该陈列包括"陈嘉庚生平大事记"、"南洋巨商 矢志报国"、"倾资兴学 情系乡国"、"纾难救国 民族之光"和"尾声"五个部分。

第二单元
嘉庚建筑·教师篇
厦门大学

一、背景知识

从在集美办学的实践中，陈嘉庚体会到，中等师资的培养，各项专门人才的培植，都有赖于高等教育。当时国内除了首都有北京大学，南京有东南大学，上海、杭州和广州有外国人设立的教会大学外，各省设立的大学和私人设立的大学都寥寥无几。第一次世界大战后，陈嘉庚在新加坡经营的实业蒸蒸日上，他决定在完善、充实职业教育的同时，涉足高等教育。

1919 年，怀着对中国作为战胜国之一竟任凭列强摆布的愤慨和看到五四爱国运动爆发带来了民族希望的兴奋，陈嘉庚感到回国创办大学的时机已经成熟，便把新加坡的实业交给胞弟陈敬贤及李光前、张两端负责经营，并郑重宣布"余蓄此念既久，此后本人生意及产业逐年所得之利，除花红外，或留一部分添入资本，其余所剩之额，虽至数百万元，亦决尽数寄归祖国，以充教育费用，是乃余之大愿也"。自己毅然离星返国，开始了"决意创办厦门大学"的"尽出家产以兴学"的计划。

二、教材内容解析

本单元以厦门大学嘉庚建筑为例，学生通过鉴赏建筑，了解嘉庚建筑的特点及建造工艺，感受陈嘉庚的高贵品质，主要包含以下四部分内容：

（一）以群贤楼群、芙蓉楼群、建南楼群为例，感受嘉庚建筑中西合璧、合理结构等特点，了解隅石等建造工艺；

（二）感悟嘉庚建筑的智慧——因地制宜；

（三）分享厦门大学的故事；

（四）制作"厦门大学群贤楼群"建筑纸模型。

三、教学目标

（一）情感、态度和价值观

1. 通过了解厦门大学嘉庚建筑背后的故事，感受陈嘉庚矢志办大学的决心与拳拳赤子情；

2. 以群贤楼群、芙蓉楼群、建南楼群等经典嘉庚建筑为例，体会嘉庚建筑的美。

（二）知识目标

1. 了解陈嘉庚创办厦门大学的历程，能为他人讲述陈嘉庚与厦门大学的故事；

2. 了解厦门大学嘉庚建筑的特点，理解嘉庚建筑承载的东西方文化。

（三）能力与方法

通过动手实践，加深对嘉庚建筑特点的了解，锻炼动手能力与探究能力。

四、教学过程

（一）主题一：厦门大学嘉庚建筑"开基厝"——群贤楼群

（1）过渡：1921 年 5 月 9 日，被陈嘉庚称为"开基厝"的群贤楼群奠基，拉开了厦门大学"嘉庚建筑"大规模启土兴工的序幕。厦门大学的奠基石碑上，陈嘉庚手书的"中华民国十年五月九日 厦门大学校舍开工 陈嘉庚奠基题"，至今完好地镶嵌于群贤楼中厅的墙壁。1915 年 5 月 9 日，袁世

群贤楼群奠基石

凯与日本签订丧权辱国的"二十一条"，国人视 5 月 9 日为"国耻日"。陈
嘉庚选定这一天奠基，是希望以此告诫厦大学子勿忘国耻，发愤为国。

（2）介绍群贤楼群：群贤楼群包含映雪楼、集美楼、囊萤楼、同安楼、

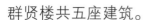

群贤楼共五座建筑。

　　群贤楼群中心建筑为群贤楼，左右对称。群贤楼左右两侧分别是集美楼、同安楼，再外侧分别是囊萤楼、映雪楼。群贤楼楼名取意于晋代王羲之《兰亭

群贤楼楼群（1928 年）

群贤楼楼群（2011 年）

集序》"群贤毕至，少长咸集"，由校长林文庆书名刻碑。集美楼楼名取意陈嘉庚祖籍地名集美。同安楼楼名取意于厦门大学区位地名同安（厦门原隶属同安）。囊萤楼楼名取意于《晋书·车胤传》，"胤博学多通，家贫不常得油，夏月则练囊盛数十萤以照书，以夜继日焉"。映雪楼楼名取意于明代廖用贤《尚友录》卷四，"孙康，晋京兆人，性敏好学，家贫无油，于冬月尝映雪读书"。初作会堂、教室，现为厦门大学校史馆（一层），陈嘉庚纪念堂、厦门大学校园建设规划馆（二层），厦门大学合作交流礼品展馆（三层）。

（3）过渡：远远望见群贤楼，其传统中式大屋顶总是能给人留下深刻印象。

（4）感受群贤楼中式大屋顶的美：群贤楼的屋面是最具典型意义的嘉庚建筑屋面，为闽南传统民居的"三川脊"大屋顶，主次分明、高低错落，富有节奏感。正脊均为燕尾脊，嵌砌花格，灰塑兽纹，并用不同花饰的抹灰边条，增添屋脊曲线和起翘的造型之美。戗脊尾端施以灰塑彩绘卷草高高扬起，尤其是垂脊牌头的燕尾造型，在双坡屋顶上舒展对立，与正脊构成六个燕尾。

群贤楼屋顶

屋面铺设红色板瓦，两道板瓦间覆盖绿色琉璃筒瓦，密密的瓦楞红绿相间，倾泻而下，檐口的筒瓦陇端饰刻印牡丹花图案的圆形琉璃瓦当（花头），板瓦槽端饰以刻印双龙抢珠图案的三角形琉璃滴水（垂珠）。规尾采用木板封钉后抹灰的构造以减轻墙体的重量，灰塑如意祥云、狮首草龙、书笔花篮等传统纹样构图装饰，寓意深刻。屋檐下装饰华丽的木雕宫灯垂，色彩艳丽，更渲染了闽南式大屋顶的美感，营造出民间张灯结彩充满喜气的空间氛围。这是陈嘉庚要求一定要安装的。

（5）感受嘉庚建筑中西合璧的建筑风貌：嘉庚建筑的中式大屋顶是最直

明良楼（1921年）

接能让人感受到建筑之美的部分。除了群贤楼，以下这些嘉庚建筑的中式大屋顶同样给人以别样的美感。

明良楼建成于1921年6月。明良楼的屋顶是闽南建筑硬山式屋顶，三川脊呈五段燕尾造型，让人能直观地感受到浓浓的中国韵味。

位于嘉庚公园入门左侧的鳌园亭主座重檐，屋面为两条屋脊垂直相交成十字形屋顶，即四面歇山顶，燕尾脊，饿脊卷草；两翼与背面单檐歇山顶为抱厦式，绿琉璃瓦屋面。左右中座为歇山顶马鞍脊，红筒瓦屋面。两端为重檐攒尖八角亭，垂脊施以卷草，绿琉璃筒瓦屋面，置顶灯饰。一座建筑中能看到三种不同形式的中式屋顶，并且相互之间和谐地相结合，给予人美的视

鳌园亭

鳌园亭屋顶

觉感受。采用歇山式十字脊造型，在嘉庚建筑中仅此一例。

（6）拓展延伸：嘉庚建筑的中式大屋顶仅仅是种类繁多、形制复杂的中国传统建筑的缩影。中国传统建筑最显著的区别体现在屋顶上，主要形式有"硬

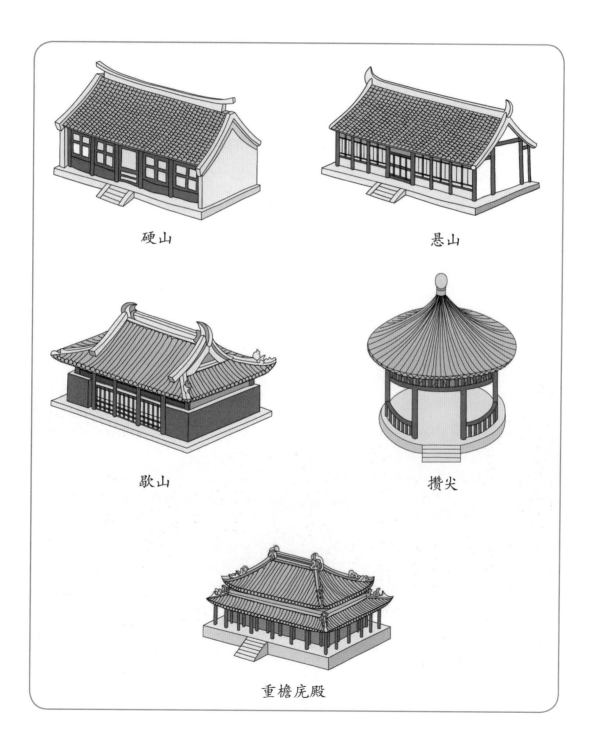

硬山　　　　　　　　　　悬山

歇山　　　　　　　　　　攒尖

重檐庑殿

山"、"悬山"、"歇山"、"攒尖"、"庑殿"等，每种屋顶又有单檐与重檐、起脊与卷棚的区别。在皇权社会，屋顶除了具备遮风避雨的功能外，还是区分社会等级的象征。

（7）小活动：先由教师示范，再由学生按照模型制作说明，自己动手拼出"斗拱"纸模型。

斗拱在中国古代较高级的建筑中居于重要地位。在嘉庚建筑的中式大屋顶上，斗拱也是常见的构件。

（二）主题二：嘉庚风格建筑走向成熟的标志——芙蓉楼群

（1）**介绍芙蓉楼群**：座落在芙蓉湖畔的芙蓉楼群，建于 20 世纪 50 年代，是嘉庚风格走向成熟的标志。芙蓉第一、二、四楼用作学生宿舍，芙蓉第三楼用作教工宿舍。

（2）**感受芙蓉楼群结构科学合理的特点**：芙蓉楼群"五脚基"的砖柱撑

芙蓉第一楼（2011 年）

芙蓉第二楼（2011 年）

起一道长长的走廊，明媚的阳光能毫无遮拦地倾泻而入，穿过廊道，爬上砖墙，射进房间。每个房间都有良好的通风和采光。学生只要走出房门，就能在宽敞的外廊上，随意小聚聊天与交流。

　　虽然陈嘉庚并不是科班出身的建筑设计师，但是他善于博采众长，对建筑空间结构、尺寸大小都有自己独到的见解。在 1955 年 6 月 11 日庆祝新校舍落成大会上，陈嘉庚讲话："学生宿舍为什么要建筑走廊？这是上海等地方所没有的，在十年前我在新加坡有一幢房子有走廊，有时可以在那里看报、吃茶、使房间更宽敞。所以宿舍增建走廊，多花钱为了同学住得更好，更卫生。"

　　陈嘉庚能有如此革陈弥新的想法，与他曾在新加坡经商生活的经历是分不开的。自 1890 年起，陈嘉庚曾侨居在新加坡近 60 年时光。他不断吸纳异国文化中的有益成分，开拓自己的眼界，以致能够设计出符合新式教育需要

芙蓉第二楼外廊

芙蓉第二楼露台

的建筑物。

　　从 19 世纪初一直到 20 世纪 50 年代，骑楼都是新加坡主流的建筑形式。早期新加坡、马来亚的闽南移民习惯称骑楼为"五脚基"。骑楼是城镇沿街建筑，源于古希腊的外廊式建筑。现代意义的骑楼则起源于印度的贝尼亚普库尔 (Beniapukur)，是英国殖民者首先建造的，称之为"廊房"，这种建筑形式是欧陆建筑与东南亚地域特点相结合的产物。由于东南亚气候炎热，又有漫长的雨季，新马的英殖民政府规定，凡临街店铺住宅，均往前拓展五英尺（一说五步），形成连廊连柱、立面统一、连续完整、上楼下廊的骑楼建

同安楼（2011 年）

筑。马来语称英尺为 kaki（亦可指脚），五英尺宽的人行道因此被称为"五脚基"。"五脚基"能遮风挡雨，是顾客及行人舒适凉爽的共享空间；又因建筑融入了西方元素，让人眼前一亮，成为时尚，逐渐传播开来，进入侨乡，成为闽粤极有特色的建筑。在陈嘉庚看来，这种骑楼的建筑样式应用于校舍，不仅能增加校舍的美观度，也能起到遮阳隔热、挡风避雨的作用，是极利于师生学习生活的建筑结构。

（3）加深理解嘉庚建筑结构合理科学的特点：除了芙蓉楼群，还有其他多座嘉庚建筑，也采用这种类似骑楼、拥有外廊的建筑结构。群贤楼群也采用了这种建筑样式。

群贤楼的中部内廊与两翼外廊在入门前厅连接，翼楼两侧以连廊与集美楼、同安楼底层的外廊相连，再由连廊与囊萤楼、映雪楼内廊联通。五座大楼的走廊贯穿始终，近 350 米长的内外廊道一气呵成，这种用走廊串联不同建筑的形式，十分适合厦门地区亚热带多风雨和多日晒的气候，也方便骑楼

集美楼（2013 年）

之间的联系。

（4）**小活动**：南洋华侨往来于南洋与故土之间，是文化交流的使者。厦门是著名的侨乡，是中西文化的交融之地，经常能看到"五脚基"样式的街区，你能举例说一说吗？

（三）主题三：标志性的厦门大学嘉庚建筑——建南楼群

（1）**过渡**：与芙蓉楼群同时开始建设的是被誉为厦门大学标志性建筑的建南楼群。建南楼群，中间是建南大会堂，两侧各两座分别是东为南光楼、成智楼，西为南安楼、成义楼。五座大楼中除建南大会堂前楼外，全部为西式建筑。建设建南楼群的资金主要来自李光前的捐资。楼名"建南"取意于李光前祖籍福建南安。

（2）**感受建南楼群的建筑之美**：建南大会堂前楼由绿色琉璃瓦宫殿式大屋顶和花岗岩墙身相结合。壮硕饱满颇具西方古典建筑神韵的门廊大柱、镶嵌灰绿岩半圆凸状框线、龙虎浮雕券心石的入厅拱门、雕刻着别致花纹图案框罩的大窗，洋溢着西洋建筑简洁明快、素雅大方的气息。

（3）**感受嘉庚建筑隅石工艺之美**：陈嘉庚对厦门大学校舍建筑的墙体部分打点得很用心，民间工匠对于各种西式建筑的新鲜工艺则有着极高的热情，他们将西方隅石的做法和闽南的砖石文化相结合，这一做法创意十足地应用在了建南楼群上。

建南楼群上的隅石由红砖与白石拼砌，石头作为面、点，而砖缝作为线，这种点、线、面的组合，形成变化多样的规则构图，展示了西洋的几何形、图案式应用的装饰美。砖与石两者表面所呈现的色彩和质感的对比，无论是砖与石的强烈反差，还是红与白的色彩和谐共融，都让嘉庚建筑别具一格。古意盎然中焕发出清新悦目的视觉效果，增添了建筑整体的美感。

除了建南楼群，芙蓉楼群上也能看到这种中西合璧的隅石工艺。芙蓉楼群采用的是民间俗称为"蜈蚣脚"的做法。花岗岩基座腰线以上直至屋檐，平嵌线内转角以统一规格的长短两种"蘑菇石"交叉叠砌，短石块的留空部

建南楼（2011 年）

建南大会堂细节

建南楼群隅石

芙蓉楼群隅石

分镶入三层砖与长石块补平取齐，形成角峰白石连续不断，两侧砖石逐层交替的形态，状如蜈蚣，故而得名。

（4）小活动：先由教师示范，再由学生动手拼贴一段"隅石转角"。

（5）小结：中西建筑元素在嘉庚建筑上得到巧妙配合，以中国传统建筑形式为基础，西方近代学校功能为诉求，嘉庚建筑展现出独特的中西合璧风貌，被誉为"最具世界经典的建筑之一"。

（四）主题四：因地制宜的嘉庚建筑

（1）过渡：陈嘉庚十分注重人与自然、建筑与环境的和谐而非对抗的"生态适应"关系，这一理念在建筑厦门大学嘉庚建筑的过程中得到了充分体现。

（2）介绍厦门大学嘉庚建筑因地制宜的布局：厦门大学起初由上海茂旦洋行的美国建筑师亨利·墨菲设计、规划。墨菲的方案将校园分为五个区域，

上海茂旦洋行绘制的《厦门大学全部高眺图》

每个区域都有明确的中轴线，建筑群左右对称。在最早建设的第一区建筑中，墨菲将五幢建筑围合成三合院，形成品字形空间。陈嘉庚不赞成品字形校舍，"以其多占演武场地位，妨碍将来运动会或纪念会大会之用，故将图中品字形改为一字形，中座背倚五老山，南向南太武高峰"。这第一批的一字形校舍即是群贤楼群。

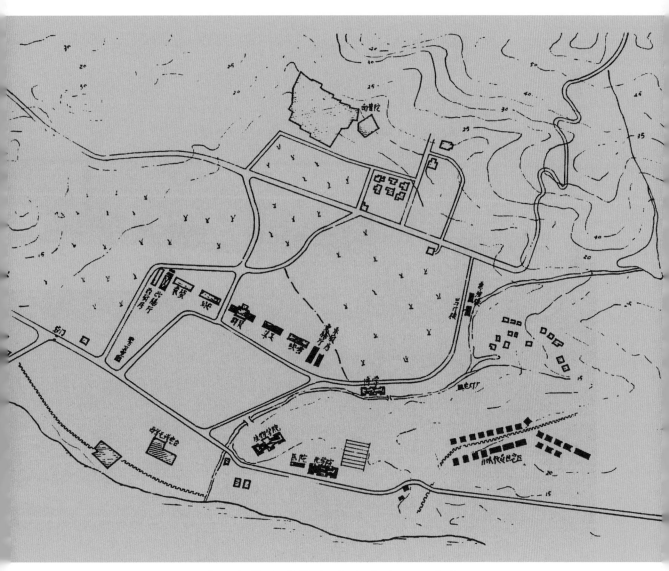

厦门大学主要校舍平面图（1937 年）

五老山，是厦门大学经思明县公署校准的"以达五老山之极峰为界"的校园范围边界。据《鹭江志》载："五老山即南普陀山也，五峰森列，如画五老图故名。环然相接而旷，其南与太武对，其下为校场埔，演武亭在焉。"北五老山与南太武山相对是一条天然轴线。陈嘉庚把群贤楼群中座的地位就安排在这条轴线上，采用"一主四从"与五老山呼应，达到建筑与自然环境相协调的目的。

建南楼群的建设，陈嘉庚又一次因地制宜，利用五老山的余脉李厝山自东向西半月形环抱乌空圆海湾的地形，遵循整体性原则，在高岗上安排了"一主四从"建筑的布局。

　　芙蓉楼群沿着五老山余脉李厝山自东向西延展，形成了以演武场以东的"芙蓉湖"为中心的北、东、南三面围合的布局形式。

建南楼群

芙蓉楼群

（五）主题五：厦门大学嘉庚建筑背后的故事

（1）过渡：今天，我们之所以能见到如此精美的嘉庚建筑，与厦大校主陈嘉庚终其一生，"裸捐"办教育的勇气与毅力是分不开的，也与多位华侨华人慷慨捐资、辛勤耕耘是分不开的。

（2）讲述"陈嘉庚倡办厦门大学"的故事：第一次世界大战后，陈嘉庚新加在坡经营的实业蒸蒸日上，随着在集美创办的各类学校初具规模，他在集美各所学校招聘校长和教师的过程中，经常遇到师资不足的瓶颈，为此他决定在完善、充实职业教育的同时，涉足高等教育。

1919 年 5 月，他回国筹办厦门大学。离开新加坡前，他把在南洋的全部不动产（胶园 7000 多英亩、房产地皮 150 多万平方英尺）捐作集美学校永久基金，请律师按英国政府条例立字为据。

当年夏天，陈嘉庚返回故里，亲自撰写《筹办福建厦门大学附设高等师范学校通告》一文，向大众阐明筹办厦门大学的动机与目的。7 月 13 日，在厦门浮屿陈氏宗祠召开的有各界人士 300 多人参加的大会上，陈嘉庚慷慨陈词，阐述了在厦门兴办一所大学的必要性，宣布决意创办厦门大学，当场认捐创办费 100 万元，再捐常年费 300 万元，每年 25 万元，分 12 年给付。陈嘉庚选定厦门演武场为大学校址，之所以决定把大学选址在厦门而不是集美，是经过深思熟虑的。厦门位于福建以南，是我国的重要通商口岸与华侨出入国的门户，与南洋关系密切，在此设立中国人创办的私立大学，于华侨、于祖国都最适合；而演武场为民族英雄郑成功当年练兵之地，附近山麓背山面海，坐北朝南，范围广大，拥地 2000 多亩，有利于将来发展扩充。

（3）讲述陈嘉庚"变卖大厦，支持厦大"的故事：1929年世界经济危机爆发，东南亚经济受到沉重打击。陈嘉庚在1928年"济南惨案"后领导募款活动，他创办的《南洋商报》也极力宣传抵制日货。日商和亲日奸商恨之入骨，竟雇人纵火烧毁陈嘉庚的橡胶熟品制造厂，造成巨大损失。1926—1928年，陈嘉庚公司不断亏损，向银行的借款日益增加，而巨额的校费开支必须到位，情势越来越严重。陈嘉庚仍然竭力维持集美学校与厦大的经费：1926年90余万元，1927年70余万元，1928年60余万元。

面对空前的世界经济危机，公司经营每况愈下，陈嘉庚迫不得已，于1931年8月，接受债权人英商汇丰银行的条件，把独资经营的陈嘉庚公司改组为股份有限公司，陈嘉庚出任总经理，而几个董事及副总经理则由银行派人担任。

公司改组后，补助两校的经费被限定每个月不得超过5000元。但集美学校和厦门大学每月经费至少需3至4万元。面对艰难境遇，为保存学校，陈嘉庚多方筹措，向新马各界亲友筹募，甚至毅然变卖家人居住的三栋别墅，所得钱款全部充当厦大的经费，"出卖大厦，维持厦大"之举在海内外广为传颂。1932年，一家外国垄断集团向陈嘉庚提出愿意帮助他度过难关，条件是必须停止支持厦大、集美两校。陈嘉庚认为"两校如关门，自己误青年之罪小，影响社会之罪大……一经停课关门，则恢复难望"。他说："宁使企业收盘，绝不停办学校"，断然拒绝了外国垄断集团。

在董事会的钳制下，陈嘉庚的办学之路举步维艰。1933年，他一边将部分企业出租给女婿李光前和族亲陈六使的公司，约定将获利的部分、甚至全

部充作集美、厦大两校经费；一边继续向华侨筹募，竭尽全力维持学校。受陈嘉庚倾资兴学精神的感召，1927 年以后，黄奕住、曾江水、叶玉堆、李光前、黄廷元、陈六使、陈延谦、李俊承等人陆续捐款资助，学校得以继续生存。

1933 年，市场有了转机，英国伦敦八大家老主顾和其他商家纷纷订购陈嘉庚公司的胶鞋，陈嘉庚觉得复兴有望，准备扩大生产。这时，伦敦八大商行之一的代表找上门来，想包销陈嘉庚公司生产的全部胶鞋，陈嘉庚一口回绝。汇丰银行经理竟狂妄地说："我英国人之利权不容他国人染指。"陈嘉庚因此看清了在外国资本的钳制下，企业发展无望。尽管他拒不让步，董事会却越俎代庖地签了字。陈嘉庚气愤至极，决意将企业全部收盘。收盘之前，他先运用总经理尚有的职权，将公司部分橡胶厂、黄梨厂、饼干厂等，转让给女婿李光前的南益公司，约定以后公司获利，分不同情况从利润中抽出二至五成，充作厦大、集美两校经费。学校的经费有了着落，1934 年初，陈嘉庚毅然宣布企业全部收盘。

1936 年，条件更加困难，陈嘉庚考虑到"厦集两校虽可维持现状，然无进展希望"，为"免误及青年"，集中力量发展集美学校，他以不改变学校名称为条件，将厦门大学无偿交由政府接办。1937 年 6 月，厦门大学进入国立时代。国民政府行政院向陈嘉庚颁发了褒扬令，表彰他对中国教育事业的贡献，但陈嘉庚认为自己"虎头蛇尾，为义不终，抱憾无涯"。

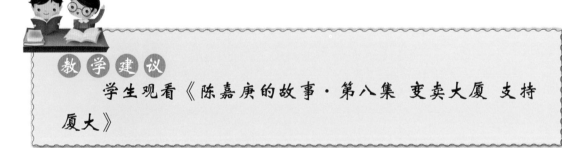

教学建议

学生观看《陈嘉庚的故事·第八集 变卖大厦 支持厦大》

（4）讲述林文庆与厦门大学的故事：筹办厦门大学时，物色合适人选担任校长也是一个棘手的问题。汪精卫是陈嘉庚心定的大学校长第一人选。他和汪精卫 1908 年在新加坡就已认识。1920 年汪精卫到漳州访问驻闽粤军司令陈炯明，陈嘉庚邀请他到集美参观，还劝说他放弃政治生涯，专心做学问。此次陈嘉庚的邀请因为汪精卫决意全力从政而没有成功。为此，厦门大学成立筹备委员会并在上海举行会议，委员包括北京大学校长蔡元培、南京高级师范学校教务主任郭秉文、余日章、胡敦复、汪精卫、黄炎培、叶渊、邓萃英和黄孟珪等。大会推举邓萃英为校长。邓萃英时任教育部参事，他没有按照合同规定辞去所任职务，大学开学典礼后即北上回京，将校务交由何公敢、郑贞文两人办理，自己远程操控。不久，他又要求陈嘉庚将厦大的开办费和经常费交给学校主持人管理，并提出除建筑校舍费用外的其余款项用来购买东北的一块农场，伺机转售牟利。陈嘉庚认为，把办学经费拿去搞投机买卖是很冒险的行为，因此断然拒绝。恰逢 4 月底又有一批学生写信指责邓萃英，在学生的压力下，邓萃英提交辞呈，陈嘉庚也不挽留，随即致电邀请挚友林文庆出任厦门大学校长。

几乎同时，林文庆接到孙中山从广州发来的电报，召他回国协理外交。林文庆犹豫难决，请孙中山代为决定。孙中山回电赞成林文庆到厦大，林文庆于 1921 年 6 月携眷归国，接掌厦大校长，直到 1937 年厦门大学交由国家接办。

林文庆是当时新加坡最杰出的华人知识分子之一，生于 1869 年。18 岁时考取英国女皇奖学金赴爱丁堡大学攻读医科，是获得英国维多利亚女皇奖学金的第一位华人，取得内科学士和外科硕士学位，是新加坡著名的医生、成功的企业家、德高望重的立法委员、致力改革的社会活动家。

林文庆立"止于至善"为校训，以此规范学生的行为；以造就国民的完善人格为学校的培养目标；以"研究高深学术，养成专门人才，阐扬世界文化"为主要办学任务。在他的主持下，厦门大学坚持以自然与人文学科并重，教学与科研并重，汉语与外语并重的办学思路，建立起一定的组织机构和规章制度。学校的内部设施、院系设置、课程安排等都遵循欧美先进的教育理念，

学校很快走上正轨。林文庆深知雄厚的师资是学校办学质量的重要保证，不惜重金礼聘名师。当时在厦大执教的教师包括国学专家和文学家陈衍、林语堂、沈兼士、鲁迅、孙伏园、台静农，语言学家罗常培、周辨明，哲学家朱谦之、张颐，史学家顾颉刚、陈万里、郑天挺、郑德坤，教育学家孙贵定、朱君毅、杜佐周、姜琦、邱椿，化学家刘树杞、丘崇彦、张资拱、刘椽，生物学家陈子英、钟心煊、钱崇澍，数学家姜立夫，天文学家余青松等。

短短五年，厦门大学就建成涵盖文、理、教育、商、工、法六科，下分19个系，另设预科和医科筹备处，形成多科性、具有一定特色的教学、科研机构，是国内科系最多的五所大学之一。在陈嘉庚、林文庆及全校师生的共同努力下，厦门大学以"面向华侨、面向海洋、注重实用、注重研究"的特色闻名中外，被誉为"南方之强"。

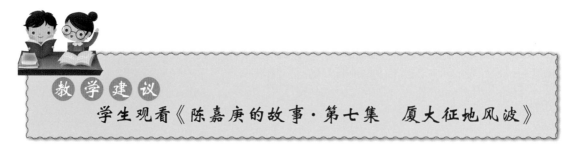

教学建议
学生观看《陈嘉庚的故事·第七集　厦大征地风波》

五、实践体验："群贤楼"建筑纸模型制作

"群贤楼群"建筑纸模型再现了群贤楼群"一主四从"的建筑样式，学生以 4 ~ 6 人为一组，合作完成制作。

六、展馆推荐——厦门大学校史展览馆

厦门大学校史馆设在厦门大学的发祥地群贤楼一楼，共有六个展室。整个校史馆共有展板100多个，近千张照片、图表，配以凝练的文字，全面反映了厦大建校以来的办学历程和成就。展示内容分"南强春秋"、"英才摇篮"、"科

研重镇"、"走向世界"、"展望未来"五个部分。其中，"南强春秋"重点展示厦大建校以来的历史沿革及党和国家领导人、社会各界对厦大的关心和支持。"英才摇篮"通过大量照片展现了厦大各个时期的学科特色、教学成就和人才培养规模。"科研重镇"用系列数据展示了厦大历年来所取得的重要科研成果、不断增强的科研实力，以及科技成果产业化所取得的成效。

第三单元

嘉庚建筑·教师篇

博物大观

一、背景知识

陈嘉庚重视社会教育，千方百计地为提升国民素质创造条件。建国初期考察东北和华东地区时，几家博物馆给陈嘉庚留下了深刻的印象。他认为博物馆陈列内容丰富、形象、生动，男女老幼、文野雅俗一入其门，都可直观地获得必需的常识。陈嘉庚首先在集美海边填海建造鳌园，将历史故事、各地风景名胜、民族风情、各类工矿企业、农林水利、动物植物、文化教育、体育卫生等，用精湛的雕刻把一方方寓意深邃的生动画面镶嵌在鳌园的游廊、围墙和影壁上，让参观者在欣赏美的同时接受进步理念的影响。1956年，陈嘉庚撰写《倡办华侨博物院缘起》，并着手建设全球首家华侨博物馆。陈嘉庚将其定名为华侨博物院，计划建五栋楼，先设四个馆：其一，人类博物馆，陈列古代历史文物和现代民族标本等。其二，自然博物馆，陈列动物植物矿物地质生理卫生等标本。其三，华侨和南洋博物馆，陈列南洋各国历史地理经济政治以及华侨情况等文物、模型、图表。其四，工农业博物馆，陈列祖国革命及新建设的实物模型图表等。其他博物馆则根据需要及条件许可，依次增设。由于不久后患病，五栋楼只建成一栋，但令今人都不能不折服的是1956年的厦门是一个只有十几万人口的小城市，陈嘉庚就计划建一个如此规模的博物馆，足见他的眼界和远见。

二、教材内容解析

本单元以集美鳌园、华侨博物院为例，让学生在鉴赏建筑的过程中，加深对嘉庚建筑特点及建造工艺的认识，感悟陈嘉庚情系乡国的高贵品质，主要包含以下四部分内容：

（一）欣赏鳌园建筑；

（二）欣赏华侨博物院建筑；

（三）分享华侨博物院文物故事；

（四）制作"华侨博物院"建筑纸模型。

三、教学目标

（一）情感、态度和价值观

1. 通过了解鳌园、华侨博物院背后的故事，感受陈嘉庚热心社会教育的博大胸怀；

2. 感受嘉庚建筑的美。

（二）知识目标

了解鳌园、华侨博物院中的历史文化知识。

（三）能力与方法

通过动手实践，进一步感受嘉庚建筑的美，锻炼动手能力与探究能力。

四、教学过程

（一）主题一：鳌园

（1）**过渡**：陈嘉庚一生以"教育兴国"为己任，他在为学生营造良好的校园环境的同时，也思索着为普通百姓创造学习机会。鳌园是陈嘉庚兴办社会教育的具体实践。

（2）**介绍鳌园**：鳌园的诞生要从 1949 年说起。1949 年 6 月至 1950 年 2 月，陈嘉庚用 9 个月时间，游历百废待兴的新中国。在参观山东济南广智院的时候，发现广智院是一个富有社会教育意义的博物馆，院内有大量关于提倡文明进步、卫生健康，摒弃落后愚昧、不良习惯的陈列和模型。陈嘉庚深受启发，决心在

鳌园全景

家乡建一座规模更大、内容更广博、艺术水平更高的建筑，寓教于游、寓教于乐，"非徒风景美观，亦与社会教育有关。"于是，1950 年陈嘉庚回国参加全国政协一届二次会议之后，谢绝了毛泽东、周恩来挽留他在北京定居的美意，回到家乡集美，开始实施建设家乡的计划，鳌园是首项工程。陈嘉庚考虑到，从 1921 年中国共产党成立，经过土地革命、八年抗战和三年内战，毛泽东所领导的中

鳌园门厅

国共产党和人民军队功勋卓著，深得人心，终于建立了新中国，故乡集美和中国大陆的 5 亿人民获得解放，这是一件改天换地的大事情，应当建一座纪念碑，永为纪念。集美解放纪念碑是鳌园的主体建筑，供后人瞻仰。碑的四周及围墙，以精美的石雕构成一部百科全书，既供游览，又启迪民智。1951 年 9 月 8 日，在陈嘉庚的主持下，鳌园动工建设；1957 年，鳌园基本完工；到 1961 年，陈嘉庚安葬在鳌园，鳌园工程落下帷幕，历时整整 10 年。陈嘉庚既是鳌园的总设

计师，又是总工程师，鳌园的设计图就装在他的脑子里，手中的拐杖就是工程的指挥棒。

（3）感受鳌园的美：俯瞰之下，鳌园宛如一只大鳌在碧波中休憩。陈嘉庚将科学思想与民间艺术融汇在其中，用风格独特的建筑与闽南石雕谱写出一曲令人遐想连篇的美妙乐章。

① 鳌园门厅与长廊：鳌园门厅及长廊是一座花岗岩砌成的闽南庙宇式建筑，酷像大鳌的头。

② 集美解放纪念碑：集美解放纪念碑矗立于鳌园中心，是鳌园的主体建筑。1951 年 3 月 4 日，陈嘉庚在《厦门日报》、《江声日报》和《福建日报》同时刊登广告，征求纪念碑的木制模型，最后决定由福州的陈世英先生制作。同年 9 月 8 日，趁着退潮，陈嘉庚领着集美学校建筑部负责人陈坑生来到鳌

集美解放纪念碑

鳌亭

鳌亭柱头青石雕饰

头屿妈祖宫的废址，讲述自己对鳌园的大致规划：先建一座集美解放纪念碑，位置定在最高的礁石上，碑高十丈（约33米），周围再用石雕建造一座博物大观。陈嘉庚用拐杖指点出围墙的范围。第二天，陈坑生连夜带领工人插好竹竿。第三天，时年78岁的陈嘉庚穿上长筒雨鞋，挂着拐杖下海滩巡视，感到满意，工程随即拉开序幕。

　　纪念碑台基的底层是十三级石阶，阶面较为宽阔，象征从1913年至1926年陈嘉庚在家乡创办小学、师范、中学、水产、航海、商业、农林等校和厦门大学，为福建教育发展奠定坚实的基础，实现其"教育是立国之本，兴学乃国民天职"的誓言。同时在这十三年间，新加坡陈嘉庚公司顺利发展，处于鼎盛时期。第二层是十级台阶，阶面较窄，象征从1927年至1936年十年间，陈嘉庚公司因受帝国主义财团倾轧和世界经济危机的影响，企业收盘，集美学校、厦门大学两校规模缩小。台基上面还有两层碑座，第一层八级台阶，象征八年抗日战争。第二层三级台阶，象征三年解放战争。

鳌亭穹顶

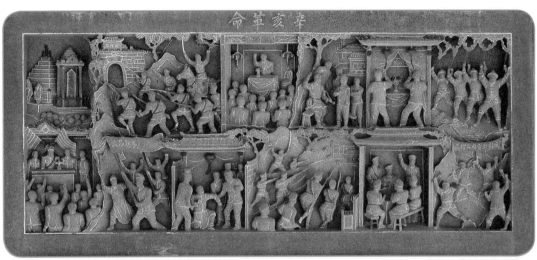

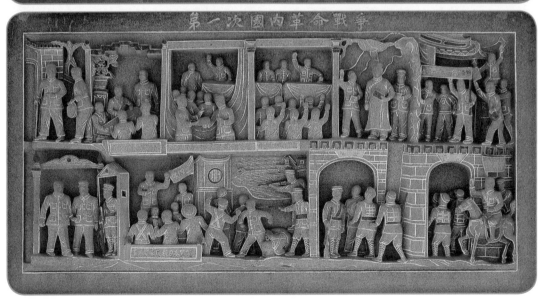

鳌亭穹顶内侧青石雕

鳌亭穹顶内侧青石雕

鳌亭屋檐外侧青石雕

鳌亭屋檐外侧青石雕

③ 鳌亭：鳌亭静静伫立于陈嘉庚墓前。每逢清明节、集美学校校庆日，厦门各界人士、集美学校师生以及远道而来的海内外来宾们携带鲜花和亲手制作的花环前来，面向陈嘉庚墓举行祭奠仪式，表达深切哀思。鳌亭是一座方形拜亭，重檐歇山顶燕尾脊，绿琉璃筒瓦屋面，开敞式四角柱方形，每面各两根中柱为罗马式，是中西合璧的优美之作。

鳌亭的穹顶呈圆弧形，倾向西式。穹顶的四女飞天彩塑，造型生动飘逸，色彩协调，具有浓厚的民族特色。

穹顶内侧有"太平天国"、"中日甲午战争"、"辛亥革命"、"五四运动"、"第一次国内革命战争"、"抗美援朝"等22幅青石浮雕，表现了中国人民为捍卫国家独立、民族生存，反对外来侵略所进行的不屈不饶的斗争，是中华民族的历史画卷。

鳌亭屋檐外侧有青石雕32幅，包含"陈胜吴广"、"楚霸王别虞姬"、"岳飞"、"郑成功"等历史故事或民间传说。

（二）小活动：一起游鳌园

（1）导入：鳌园里有许多精美的石刻，步入石刻长廊能够直观学到历史故事、各地风景名胜、民族风情、各类工矿企业、农林水利、动物植物、文

镂雕

化教育、体育卫生等方面的知识。

　　鳌园中可以看到镂雕、浮雕、沉雕、圆雕、线雕等多种雕刻技法。

　　镂雕可以从上、下、左、右不同方位观赏。鳌园中的镂雕全部采用手工制作，雕刻难度很高。

浮雕

浮雕是在平面的底板上塑造凸起的半立体造型，供观众从正面欣赏。

圆雕

圆雕是完全立体的，人们可以从各个角度欣赏到雕塑的各个侧面。

沉雕

　　沉雕是相对于浮雕而言的一种雕刻技法，是在平面材料上雕凿凹下去的半立体造型。

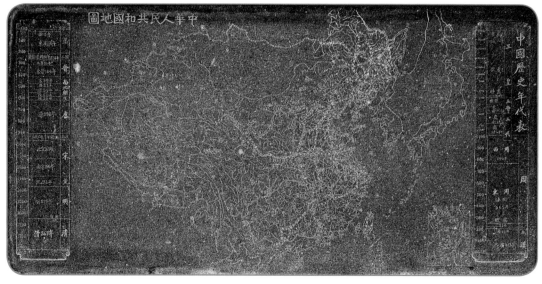

线雕

　　线雕主要以细致的线条形成造型。

　　（2）活动指导：教师出示鳌园石雕，学生看石雕讲故事、学知识，教师补充。

　　① 游廊：走过鳌园大门，是一条 50 米的游廊，南北两边的石壁上镶嵌

鳌园游廊青石雕

鳌园游廊青石雕

着中国历史故事青石雕 58 幅。

② **石屏**：在纪念碑与陈嘉庚墓之间，伫立着一道屏壁，形如"八"字，前后墙面都镶嵌着内容丰富的青石浮雕，是一座石雕博物大观，故亦称为"博物观八字屏"。

鳌园博物观八字屏

博物观青石雕

③ **外围展墙**：鳌园外围展墙与游廊出口两边相衔接，每节间格为一大两小的3堵，用水泥为材料灰塑浮雕，施以彩绘，既有防护功能，又起展示作用。围栏镶嵌水泥彩塑近300幅，因久经风吹雨淋，剥蚀损坏严重，1991年春，集美学校委员会出资，由集美大学和厦门大学的艺术系教师依原形描绘图样、惠安石匠雕刻，更换292幅水泥灰塑为青石浮雕。

整园围墙青石雕

整园围墙水泥彩塑

（三）主题二：华侨博物院

1. 介绍华侨博物院建院史

陈嘉庚到天津、济南等地的博物馆参观比较，并找一些老朋友和专家研讨，形成了创建华侨博物院的整套构思，并于 1956 年 9 月撰写《倡办华侨博物院缘起》完整阐发这套构思。陈嘉庚自捐 10 万元，另向国内外侨界筹募 27 万零 500 元，作为华侨博物院首期工程和装修费用。

华侨博物院院址由陈嘉庚亲自选定，位于厦门岛西南的蜂巢山西麓。陈

倡办华侨博物院芳名碑

嘉庚在《倡办华侨博物院缘起》写道："馆址可设在华侨故乡出入国的港口，既可给国内人民公共应用，又可给归国华侨观览。两者均受其益。现在厦门是华侨出入国的要港，厦门大学附设人类博物馆，拟招其加入。"

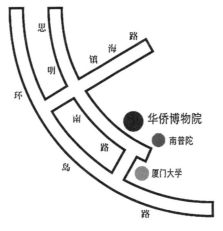

华侨博物院地图

华侨博物院展厅主楼，建筑面积 4000 平方米，主体 3 层，白色花岗岩主体覆以红色大瓦，正面 6 层，绿色琉璃重檐屋顶，高 23 米，建筑总长为 100 多米。中西建筑风格融为一体，气势雄伟，是嘉庚建筑中的精品。

华侨博物院

2. 介绍华侨博物院基本陈列

华侨博物院现有《华侨华人》、《陈嘉庚珍藏文物展》、《自然馆》三个基本陈列。

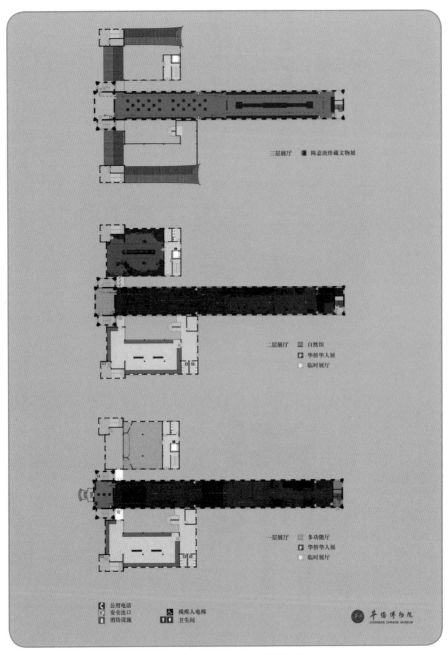

华侨博物院展厅导览图

（1）《华侨华人》：《华侨华人》由"走出国门"、"侨民公民"和"辉耀历史"三大部分组成，系统、形象地展示华侨华人走向世界的历史、融合当地的历程和奉献社会的辉煌。"走出国门"是一部华侨华人的出国史，包括梯山渡海、悲辛之旅和谋求发展三个单元，讲述了华侨华人出国的历史及

《华侨华人》陈列序厅

其动因和特征。"侨民公民"是一部华侨华人的发展史，包括华社春秋、谋生创业、传承融合和侨民公民四个单元，反映华侨社会的形成，的谋生发展及其认同转向的历程。"辉耀历史"是一部华侨华人的贡献史，包括缔造文明、热血丰碑、时代精英和赤子丹心四个单元，展示了华侨华人的超凡表现和辉煌业绩。

（2）《陈嘉庚珍藏文物展》：《陈嘉庚珍藏文物展》从华侨博物院馆藏

《陈嘉庚珍藏文物展》

中挑选出百余件珍品，包括青铜器、陶瓷器、书画等，涵盖面广且种类繁多。商代至民国时期的青铜器，表现出神秘庄严兼实用精巧的特点；各个历史时期的陶瓷器，以精美的制作和细腻的装饰，告诉世人中国陶瓷艺术精华之所在；

而明清书画作品则表现了中国传统书画百花齐放的艺术之美。通过观赏这些包含先民智慧和心血结晶的珍贵文物，观众可从中体会到创办这座文化殿堂的陈嘉庚的博大胸襟和独特的伟大教育思想。

（3）《自然馆》：野生动物是自然界中最活跃、最引人注目的生物类群，是人类得以诞生和存在的根源。人类是动物大家庭中的一员，保护野生动物就是保护人类自己。设立自然馆是华侨博物院创办时陈嘉庚先生亲自确定的社会教育功能之一。《自然馆》展厅内设置了模拟的亚热带雨林、热带雨林、湿地、沼泽、原始丛林、丘陵等自然生态环境，把新加坡虎、马来亚鳄鱼、野猪、黑熊、鼯鼠、穿山甲、刺猬、极乐鸟、啄木鸟、孔雀等 150 多件兽类和鸟类标本置于适宜他们生存的环境中，形象生动，呼之欲出，融观赏性、科学性、知识性、趣味性于一体。

《自然馆》

（四）小活动：华侨博物院馆藏文物故事

（1）**过渡**：陈嘉庚每年都会到北京、上海的各个文物古玩店选购适用的文物和陈列品，亲自向地质部征求矿产标本 300 多件，在福州订购 200 多种动物标本,亲自发函向东南亚华侨人士和社团征集展品。在嘉庚精神的感染下，许多海内外华侨纷纷向华侨博物院捐赠文物。

（2）**活动指导**：接下来，让我们一同走近华侨博物院的馆藏文物，听听它们有着怎样的故事。

① **华工工钱代用币**：1840 年鸦片战争爆发，中国开始沦为半封建半殖

猪仔钱

民地社会。一系列不平等条约的签订，使西方列强可以在中国合法贩卖华工。此后西方列强在中国招募大量廉价劳动力，这些通过签订契约的方式到国外做工的中国人，被称为"契约华工"，又被侮称为"猪仔"。19世纪40至50年代厦门曾是西方国家在中国最大的贩卖苦力的中心。"猪仔钱"即华工工钱代用币。种植园主、矿场主常以票卷或金属代用币支付华工工资，强迫华工只能在公司的店铺内消费，从而加强对华工的控制和束缚。

　② 萃英书院匾额：华侨历来都有重视教育的传统，早期华侨多为文盲，便或以能者为师，或开私塾，或从国内请先生到南洋教书。有条件的地方就

萃英书院匾额

开办馆阁、书塾等旧式华侨学堂。萃英书院由新加坡闽籍富商陈金声于1854年创办，校名"萃英"之意"萃者聚也，英者英才也，谓乐得英才而教育之"。萃英书院足足维持了一个世纪，1954年停办。萃英书院从1854年到1912年所教的学科主要是三字经、千字文、四书五经、珠算等。

　③ 亚非会议纪念方巾：亚非会议，又称万隆会议，1955年4月18日至24日在印度尼西亚万隆举行。会议通过了《亚非会议最后公报》，提出了处理国际关系的十项原则 。这十项原则体现了亚非人民为反帝反殖、争取民族

独立、维护世界和平而团结合作、共同斗争的崇高思想和愿望，被称之为万隆精神。其中和平共处五项原则的主要内容，被认为是处理国与国之间关系的准则，成为国际上公认的处理国家关系的基础。周恩来总理在会上表示了中国代表团求同存异的立场，为会议取得圆满成功作出了重要的贡献。"亚非会议纪念方巾"是1957年10月13日印尼华侨甘水凤赠送给陈嘉庚留念的。此次会议期间，周恩来总理代表中方，与印尼政府签订关于华侨双重国籍问题的双边条约，规定华侨只能选择一种国籍。由此有了"华侨""华人"两个概念。我们称长期定居国外、具有中国血统、保留中国国籍为"华侨"；而一定程度上保留中华文化、拥有中国血统、加入当地国籍的称为"华人"。

亚非会议纪念方巾

④ **纽约华侨衣馆联合会红旗**：纽约华侨衣馆联合会（简称"衣联会"）成立于 1933 年 4 月 30 日，以"联络感情，集中力量，内谋维护同业之利益，外求取消限制华侨洗衣馆一切苛例"为宗旨。1949 年 10 月 1 日新中国诞生，为了

纽约华侨衣馆联合会红旗

庆祝中华人民共和国成立，10 月 9 日"衣联会"也升起了美洲大地上的第一面五星红旗。"衣联会"将 1949 年第一次制作的两面五星红旗，一面赠予美洲华人历史博物馆，另一面赠予位于北京的中国华侨历史博物馆。1950 年，"衣联会"又制作了两面精美的五星红旗参加在纽约举行的劳工节游行。其中之一现藏于华侨博物院，绸缎质地，纵长 118 厘米，横长 180 厘米。由于当年通讯不发达，关于五星红旗规格样式的消息传至纽约的不甚准确。这面五星红旗不仅尺寸与标准五星红旗略有不同，五颗五角星的大小及排列位置也有所不同，并且有三边缀有流苏。但这些都不妨碍后人通过它感受当年美国华侨得知新中国成立时的激动心情，以及他们对伟大祖国的热爱之情。

⑤ **绞胶机**：手摇绞胶机是对刚由胶汁凝固成的胶片进行初加工的机器，先将有厚度的胶块用平面滚筒的绞胶机碾成薄片，再用纹格滚筒的绞胶机将薄胶片压出条纹，避免胶片粘粘。橡胶业的崛起为世界汽车工业的发展写下了关键的一笔。马来亚成为橡胶王国，华侨荣立首功。橡胶原产于巴西亚马逊河流域，新加坡植物园主任黎德利把橡胶树苗和种子带到马来亚，然而在很长一段时间里，他热情的宣传和慷慨赠送的种子，不被人们所接受。林文庆最先看好橡胶的发展前景，鼓励陈齐贤试种，1896 年陈齐贤在马六甲试

绞胶机

种橡胶获得成功。当他们把凝固的胶片向人们展示时，在新马社会引起极大的轰动，在他们的极力推动下，广大华侨竞相种植，橡胶一跃成为马来亚的经济支柱，产量居世界第一。人们尊称陈齐贤为"橡胶艺祖"，尊称林文庆为"橡胶之父"，而驰名世界的陈嘉庚因为是第一个集橡胶种植、制造和贸易为一体的企业家而被誉为"橡胶大王"。他们和黎德利一起成为公认的橡胶王国的四大功臣。

⑥ "陈嘉庚"剑：在华侨博物院《华侨华人》展厅里，一把未开刃的龙泉剑静静地躺在玻璃展柜里。剑身由精钢铸就，一面有错铜北斗七星图案，下书"披荆斩棘 为国增光"及"龙泉民字号制"字样；另一面则阴刻"陈嘉庚惠存 浙江龙泉各界敬赠 廿九年九月"字样；木质剑鞘两端铜饰有青天白日图案。为何一把未开刃的龙泉剑上镌有一代南洋巨商、华侨领袖陈嘉庚的名字？故事不得不从战火纷飞的抗战时期说起。1928 年，济南惨案爆发，陈嘉庚挺身而出号召华侨抵制日货并筹款赈济难民，日本人恨之入骨，派汉奸烧毁他的工厂。1937 年，陈嘉庚出任马来亚新加坡华侨筹赈祖国伤兵难民大会委员会（简称星华筹赈会）主席。此时，他的企业已收盘，办学压力也很大，仍然自认月捐 2 千元直至战争结束，并先预交 1937 年度全年 2.4 万元。至 1938 年底，星华筹赈会汇给国民政府行政院的款项共计 320 万元叻币。1938 年 10 月，来自东南亚 45 个城市的华侨救亡组织代表和华侨代表 168 人齐聚新加坡，成立南洋华侨筹赈祖国难民总会（简称南侨总会），公推陈

嘉庚为主席。在陈嘉庚的领导下，南侨总会发起了一场声势浩大、持续多年的抗日筹款运动：从 1938 年至 1942 年，南侨抗日义捐达 5 亿元国币，认购救国公债 2 亿 5 千万元，捐献飞机 217 架，坦克 27 辆，汽车、救护车 1000 多辆。1939 年 2 月，陈嘉庚应国民政府请求，以南侨总会名义发出通告，先后招募 3200 多名南洋华侨机工回国，为抗日战场运输超过 45 万吨战略物资，为抗战胜利做出了艰苦卓绝的贡献。1940 年正是抗战极其艰苦的年头，陈嘉庚组织南洋华侨回国慰劳视察团回国慰问正在浴血奋战的抗日军民，了解抗战以来祖国受灾情况及当下之所需。9 月 23 日，陈嘉庚一行抵达浙江龙泉，

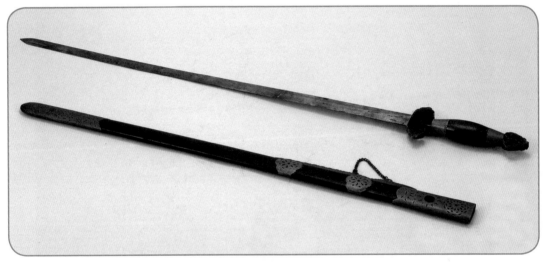

"陈嘉庚"剑

当地各界感念其为抗战所做牺牲与贡献，敬赠一把龙泉剑，"陈嘉庚"剑由此而来。此后，该剑随同陈嘉庚视察内迁安溪的集美学校，并由时任集美学校校董的陈村牧保存在学校里，见证了集美学校师生在嘉庚精神激励下烽火中弦歌不辍的历史。抗战胜利后，该剑辗转保存于厦门集友银行（总行）仓库。1960—1961 年间，陈嘉庚指示龙泉剑交由刚刚落成的华侨博物院保管并展出。"文革"期间，陈村牧因曾保护该剑受到批判。红卫兵一度到华博讨要该剑，虽遭到华博老院长陈永定拒绝，但仍被强行取走、弄断，后经补铜修

复返还华博，如今剑身上修补的伤痕依稀可见。

⑦ 救国公债：1937年7月7日卢沟桥事变后，财政部为应军费急需呈奉国民政府核准于民国26年（1937年）9月1日发行了"救国公债"。《救国公债》的债票系无记名连息票式。息票正面印"凭此息票于民国五十七年八月三十一日向各地中央银行或其委托机关领取到期利息国币肆拾圆整"，并印有财政部长和次长的签名和印章，息票与债票连印，号码相同。原有33张，

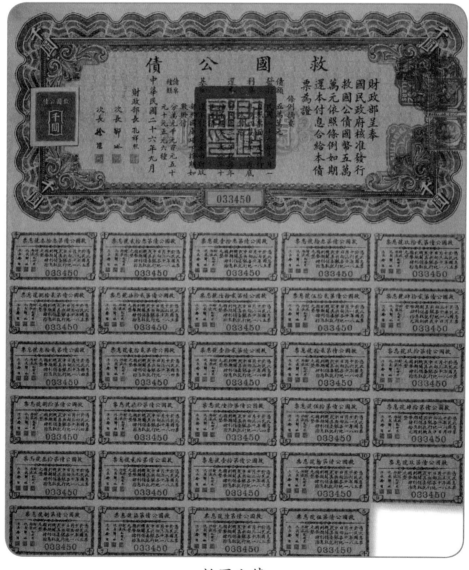

救国公债

每年用 1 张，现尚存息票 29 张，说明息票已兑付 4 次。债票反面印有与正面中文内容相同的英文，是特为方便海外华侨购买而设计的。据统计，华侨在抗战期间，包含救国公债在内，共捐款国币 13.26 亿元，此外还有大量药品、粮食、衣物乃至汽车、飞机、大炮等。

⑧ 华侨机工回国服务荣誉纪念章：3200 多名南洋华侨机工响应陈嘉庚的号召，回国投身抗日战场，将生死置之度外，在当时国内唯一的国际通道滇缅公路上，夜以继日地抢运战略物资，据统计：牺牲、失踪、病亡者超过 1000 人。这是 1939 年国民政府军事委员会西南运输处赠予每位南侨机工的荣誉纪念章。纪念章为圆形，上方配有小链条；中央图案以中国地图衬底（黄色、蓝色）、上为紧握方向盘（红色）的司机（银色）；图案上方的阴

华侨机工回国服务荣誉纪念章

文从右至左为"华侨机工回国服务团荣誉纪念章"；下方阴文为"保卫祖国"；中间左右各有一颗五角星（黄色）。

（五）小活动：博物馆参观须知

1. 提问：博物馆不仅是人们放松休闲的好去处，也是人们自我学习提升的好课堂。到博物馆参观时，我们应当怎么做呢？

2. 学生发言讨论在博物馆内应当怎样做才是一名文明的小观众。

3. 教师总结：在博物馆参观应该这样做：

（1）自觉接受安检，严禁将易燃易爆、管制械具等危险品带入馆内；

（2）参观前请将随身包裹寄存，贵重物品自行保管；

（3）展厅内拍照时请勿使用闪光灯及三角架；

（4）爱护并正确使用公共设施，不随意触摸文物及展品；

（5）自觉维护环境卫生，不在展厅内丢弃杂物；

（6）自觉遵守参观秩序，不在展厅内大声喧哗、追跑打闹；

（7）如遇各类突发事件，服从博物馆工作人员指挥。

五、实践体验："华侨博物院"建筑纸模型制作

教师讲解制作步骤与注意事项，学生自己动手制作。

参考文献：

[1] 庄景辉，贺春旎.集美学校嘉庚建筑 [M].北京：文物出版社，2013.

[2] 庄景辉.厦门大学嘉庚建筑 [M].厦门：厦门大学出版社，2011.

[3]《集美学校百年校史》编写组，林斯丰主编.集美学校百年校史 [M].厦门：厦门大学出版社，2013.

[4] 曹春平，庄景辉，吴奕德主编.闽南建筑 [M].福州：福建人民出版社，2008.

[5] 贺春旎著，陈嘉庚纪念馆编，凝固的历史 永恒的精神：嘉庚建筑 [M].北京：文物出版社，2014.

[6] 刘敦桢主编，中国科学研究院建筑史编委会组织编写.中国古代建筑史 [M].北京：中国建筑工业出版社，2005.

[7] 林斯丰主编.集美学校百年校史：1913—2013[M].厦门：厦门大学出版社，2013.

[8] 华侨博物院编.华侨博物院藏品精华 [M].北京：文物出版社，2009.